DK 有趣的学习

有趣的数学
ALL ABOUT MATHS
数学魔术师

英国DK出版社 著　林云裳 译　李毓佩 审订

距离　波　频率　光　重力　天文数字　千克

重量　π　摄氏度

数字　3|　%

趋势　4-km　密度

面积　图表

科学普及出版社
·北京·

编者的话

也许你读过本书的作者约翰尼·鲍尔写的一本关于数学的图书《玩转数与形》。在那本书中，不仅告诉我们数学从何而来，还生动展现了数字的神奇魔法、图形的千变万化，美妙的数学王国由此一览无余。

而这本《数学魔术师》将把你带回人类测量工作的初始时期，从另一个角度带你遨游妙趣横生的数学王国。你能想象没有测量，世界会变成什么样子吗？我们使用数字不只是用来计数，而且还用来测量。随着人们越来越聪明，古代的数学魔术师不仅学会了

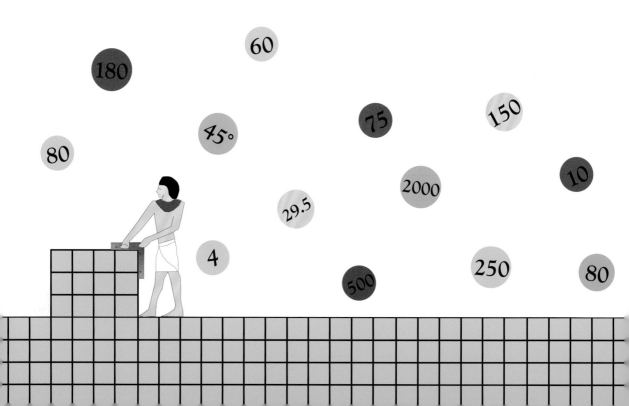

测算角度、高度和长度，还建造了神话般的城市；不仅测算了地球的大小，还测出了月球到地球的距离。数学，只有使用，才能体现它的意义。

　　这本书不是普通意义上的枯燥教科书，更不是看过之后立刻就能让你成为数学高手的秘籍宝典。但是它包罗万象，趣味十足；它科学、生动，魔力无限。在这个充满惊喜和好奇的扑朔迷离的数学殿堂中，你会发现：数学，原来是如此神奇！

　　希望你能喜欢这本书，希望你能喜欢数学！

目录

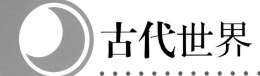
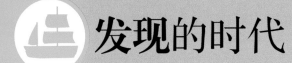

北
西 东
南

每日

商业与金融

汽油价格攀升

本周汽油价格上涨到1英镑一个加油泵短挤压，1.5英镑一个中挤压，2英镑一个长挤压。由于司机和加油泵服务员对什么是短挤压、中挤压、长挤压存有争议，加油站不断爆发争端。与此同时，在普雷斯顿，一位农民将一辆牛奶罐车驶入加油站，用一个长挤压就将罐体完全加满，成本仅2英镑，留下空空如也的加油站。

关于公路的激烈争吵

作者：本·D. 莱恩

漫长而曲折的道路

一条新建的道路全线弯弯曲曲，引发了激烈争吵。总工程师麦克·亚当解释问题的所在："我们不知道这条路究竟应该多长，因此我们只能猜测。如果我们猜测正确，将会获得一条笔直的路。如果我们猜测错了，我们必须加一些弯曲使道路适合镇与镇之间的距离。如果我们错得离谱，我们还会增加一些斜坡。"

气象预报

 明天：大量的雨水，但很难说具体有多少。

 后天：晴朗，稍热。

 两天后：相当热。

 三天后：灼热！

世界上最高的建筑

作者：比尔·丁

为了确定哪一座建筑物是世界上最高的，有人计划把10座看上去很高的摩天大楼移到同一个地方，以便它们能够站在一起比比哪座最高。每座摩天大楼将被小心翼翼地拆除，运到美国，然后重建。一旦决出获胜者，这些建筑物将被拆除，运回老家并重建。政府仍在争论该由谁去埋单——想必代价也会极高。

星球

最新版（除非你能找到更新版）

体育和休闲

他们希望这一切马上结束！

作者：约翰尼·鲍尔

英格兰队与巴西队的足球赛被认为是打得最长的比赛——没有迹象显示即将结束。由于无法测量时间，没人知道比赛已经进行了多久，何时应该结束，何时中场休息。

比赛开始时，球员们都是20来岁，但现在多数都老得需要坐轮椅或拄拐杖才能走动。一位特别老的球员威胁要用他的拐杖将球打爆——为了可以回家。

在比赛过程中，约3000名观众死于年老，另外1500人死于无聊。目前的得分是巴西队75789分，英格兰队76100分。

英格兰队当年的三个年轻球员现在不用轮椅仍然可以在球场上走动

渔夫捕到巨大的鱼

艾弗·胡克和他的大鱼

昨天渔夫艾弗·胡克捕到了一条特别大的鱼。胡克以前也捕获过巨大的鱼，尽管他无法肯定这条是不是最大的，因为他把以前所捕获的鱼都吃掉了，因此无法比较，但他说这条鱼确实非常大。他认为，新捕获的鱼的重量可能比他还重，但他同样不能肯定，因为他不知道自己的体重。

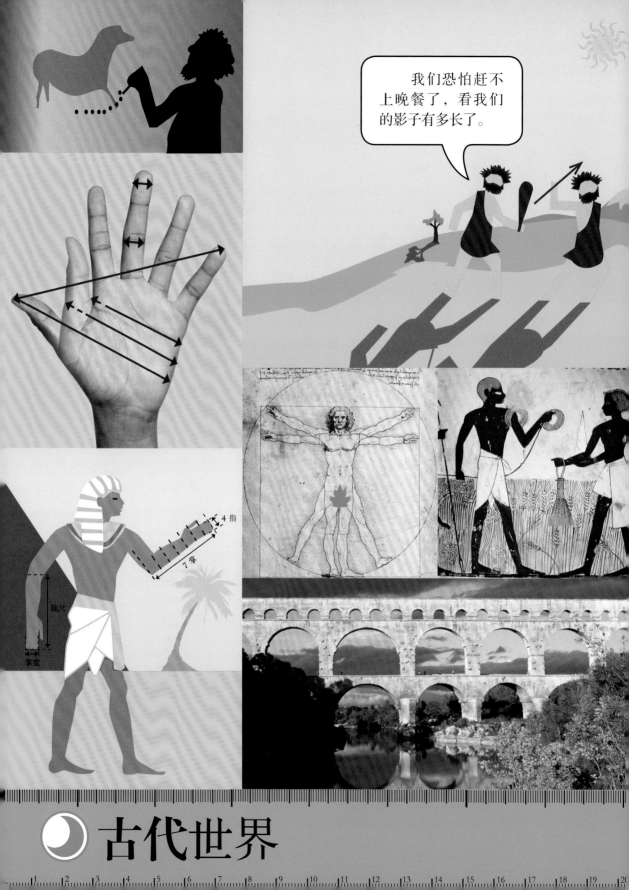

古代世界

为什么无论什么东西都要不厌其烦地去测量？

事实上，最早期的人类从来没有被测量所困扰——他们只是猜测。 他们猜测是一天或一年的什么时候了。他们猜测需要走多久才能到达某个地方，或是需要携带多少木头、水或食物回家。**他们甚至不得不猜测自己的年龄。**

但随着时间的推移，人们变得更加聪明。 他们观察太阳和星星，发现它们可以用来测算时间。人们开始做买卖，并发现如何称量货物的重量。他们弄明白了如何测算**角度、高度和长度**，并用这些知识建设宫殿、寺庙、墓穴等。

测算得越多，人们就越聪明。 2000年前，古代的数学魔术师建造了神话般的城市、强大的帝国，不仅测算了地球的大小，还测算了地球到月球的距离。**而所有这些都要感谢数学。**

这本书就是讲述有关他们的故事。

月亮和月份

古人测算长距离不是用米数或英里数，而是用行走所花的时间。例如，一条相距较远的河流或山脉可能是"步行两天"远，或是可能近得足以"日落前"到达。通过观察太阳在天空的移动及阳光投影的长度，人们就可以粗略地知道还剩多少日光。

> 我们恐怕赶不上晚餐了，看我们的影子有多长了。

新月（朔）   蛾眉月

测算较长的时段，人们还得数日子。计数对我们来说似乎很容易，但非常早期的人类并不擅长于此。

> 哈！这些草莓还很生，我们等下个满月之后再来吧。

计算满月会派得上用场。想象一下，古人看到水果尚未成熟，他们可能决定要等到月亮达到其周期的特定时刻再回来。他们甚至可能已经知道，每一个季节持续大约3个满月，这给了他们一个粗略的方法测算一年。

大多数年份有 12 个满月，

一个月有多久？

一个月大体上是月球环绕地球一圈的时间长度。我们看到月亮在一个月当中改变形状，是因为它相对于太阳和地球的位置在不断地改变，使我们看到它不同面积的被阳光照射的一侧和黑暗的一侧。月球要花 27.3 天环绕地球正好一圈，这就是所谓的恒星月。但两个朔月或两个满月之间的时间（即一个朔月）稍长，有 29.5 天。差异的原因是，在月亮围绕地球运行的同时，地球也在围绕太阳运行。对于每一个月，在月亮从朔月再次变为朔月之前，月球的运行比一个整圈多两天。

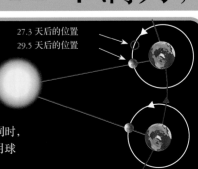

27.3 天后的位置
29.5 天后的位置

在月球运行周期中，阴影从什么方向掠过月亮的正面？

在人们有了钟表或手表的很久以前，我们古老的石器时代的祖先可以通过数天数或观察太阳、月亮和星星来测算时间。时间是人们先开始测算的事情之一。

上弦月	盈月	满月（望）	亏月	下弦月	残月

人们用自己的手指计数，因为只有 10 根手指（包括拇指），他们发现很难计算较大的数字。但他们有另一种方式记录我们现在称为星期和月的长周期：他们观察月亮。我们的祖先看到，随着日子的推移，月亮逐渐从一个细细的月牙变成一个白色的大圆盘——满月。

后来人们发现，如果他们停止使用自己的手指，代之以其他一些辅助记忆手段，他们可以数过十。有些人是在树上刻上痕迹，有些人则是在洞穴壁上涂上点或在细绳上打结。他们很快发现，月亮大约需要 30 天完成一个周期——我们现在称为一个月的时间长度。古人还发现一年有 12 个月。他们用乘法测算出一年的天数为：30×12＝360 天。答案当然是错误的，但对于石器时代的人来说已经足够精确了。正如我们在下一页就会发现的，直到人们开始利用太阳和星星来测算年度，才得到准确的答案。

每个满月之间相隔 29.5 天。

太阳何时吃掉月亮

由于月球一遍又一遍地围绕地球运转，有时恰好通过地球的阴影部分。此时，我们会看到月食——月球进入被地球遮挡的黑暗区域，月全食时月球会变成暗红色。你可能会问，为什么我们不能每月看到月食。原因是月球的运行轨道是倾斜的，它通常只是飞过地球圆形阴影的上方或下方，但每隔十几个月它就会飞到完全合适的高度从而完全撞上阴影，那时我们就会看到神奇的月全食。

月球围绕地球运行的轨道平面倾斜于地球围绕太阳运行的轨道平面。

因为从来不需要知道确切的日期，对早期石器时代的人来说，用数月亮来测算年度，已经相当不错了。但是，约在一万年前，人们行事不得不聪明起来。一些惊人的事情，使精确测算年度变得至关重要。

因为过着简单的生活，最早期的人类从来不需要确切地知道已是一年中的什么时候了，他们到处游荡，从野外采拾所需要的食物。他们没有日历，从来不知道日期，也不能庆祝自己的生日。但大约在一万年前，古中东人发现可以用种植小麦代替采拾。这些最早的农民终于可以停留在一个地方，而他们的定居点逐渐发展成为世界上最早的城镇。要获得最好的收成，他们必须在适当的时间播种，这使他们变得擅长测算年度。

因为尼罗河水每年夏天都会泛滥，冲垮田地，古埃及的农民不得不在冬季种植作物。古埃及人发现，每年初夏洪水来临之前，天狼星第一次出现在夜空中。因此他们通过数天狼星升起后的天数来测算一年的长度，发现一年有 365 天。

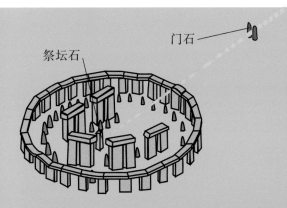

门石

祭坛石

在古埃及人建造他们的金字塔和神庙的同时，欧洲的神职数学家也在建造朝向太阳的庙宇，帮助人类计算日期。英格兰巨石阵，就是为追踪太阳的运动而设计的，并揭示夏至日何时到来。只有在夏至这一天，一束初升的阳光，才会通过主圈外的两个"门石"，直射到中心位置的"祭坛石"。

通过追踪太阳和星星，古人计算出一年

一年有多长？

我们现在知道，一年实际上比 365 天略长一点。地球需要 365.2425 天环绕太阳一次，这不是一个日子的整数。因此，作为补偿，我们每隔 4 年额外增加一日（2 月 29 日），使这一年有 366 天——一个"闰年"，并为保持日历十分准确，每第 100 年不是闰年。出生于 2 月 29 日是好运还是霉运？你每隔 4 年才有一次真正的生日，但是想一想：在你活了 60 年后，你仍然只有 15 岁！

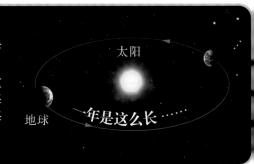

太阳

地球

一年是这么长……

阳光下的季节

天狼星又出现了，我的生日快到了。

聪明的古埃及人还知道通过追踪太阳升起的位置测算一年的长度。用这种方式测算一年的长度是如此重要，以至于太阳后来被奉为神明，而能观测太阳的运行且计算出日期的数学魔术师便成了神职人员。在埃及南部的卡纳克，神职人员为纪念太阳神建造了一座神话般的庙宇。一排排巨大的圆柱被建造在特定的位置，使得每年冬至时，一道初升太阳的阳光会沿着圆柱之间的通道直接照射到庙宇的中心。

到圣诞节还有多少天？

中美洲的原住民玛雅人也发现了如何种植农作物，并因此也变得擅长测算年度。像埃及人和欧洲人一样，他们算出一年有 365 天，并且为供奉他们的神圣日历和太阳神建造庙宇。墨西哥的奇琴伊察金字塔有 4 个具有 91 级台阶的阶梯，加上顶部的 1 个平台，共计 365——一年的长度。玛雅人很有数学天赋，但也极度迷信。为了安抚神明和保护他们的农作物，他们用活人当祭品。

我们不庆祝圣诞节，因为我们是玛雅人！

的长度是 365 天。

为什么会有季节交替？

地球自转与公转轨道面并不太垂直——它以一定的倾斜度旋转。春、夏、秋、冬四季的发生，是因为这种倾斜使地球的不同区域在地球围绕太阳运行的一年中时而倾向于太阳，时而远离太阳。在北半球，夏季发生在北极倾向太阳时，这时北半球国家阳光充足，白天较长。当北极的倾斜远离太阳时，北半球是冬季，而南半球是夏季。

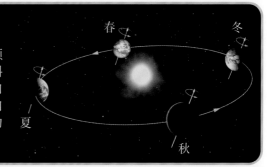

春　冬　夏　秋

直角

　　随着农业的传播和文明的发展，人们的数学技能有了提高。古埃及人用他们的测算技能，设计并修建了有着完美的正方形底部及三角形侧面的庞大墓穴——金字塔。为修建这些金字塔，他们必须成为计算和测量角度的行家里手。

埃及人使用最多的角度是直角，就是 90°（整圆的 1/4）。直角产生方角，对建筑物至关重要。

大金字塔

胡夫大金字塔建于公元前 2560 年，在将近 4000 年的漫长岁月中，它曾在一段时间内是世界上最高的建筑物。斜面的角度始终是 52°。古埃及人以 22 个手指宽度接近中心，同时以每 28 个手指宽度增加高度来摆放石头，准确无误。

大金字塔
所用的石块，足以修建一面高 2 米、宽 18 厘米，从开罗一直延伸到北极的墙。

快点建造我的墓穴！

古埃及人使用了至少三种工具，以确保所有的角都是直角。

每块石头都是手工切割的。石块的每个角都必须是直角，以便石块能堆叠整齐。建造者用被称为石匠直角尺的工具检查石块的每个角。

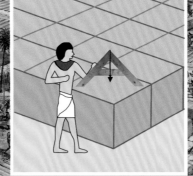
为确保每一块石块放置后绝对水平，建造者将一个等腰三角形工具放置在石块上面，并检查工具上附带的重锤是否悬在中央。

石块的侧面必须与地面成直角，建造者用一根铅垂线——悬在细绳上的重物进行检查。

胡夫大金字塔是*古代世界七大奇迹*唯一幸存的成员

设计底座

对古埃及人来说，极其棘手的问题之一便是确保金字塔的底座为直角的正方形。底座的角可能是使用如下所示方法，用钉和绳索标记的。地面也必须是完全平坦的。这可以通过挖出充满水的壕沟，然后将地面平整得跟水面一样平来实现。之后再将壕沟填平。

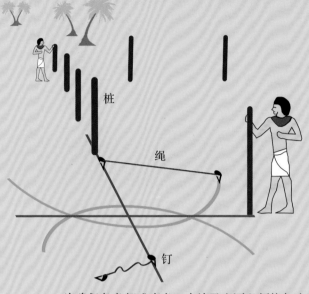

桩

绳

钉

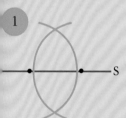

1

画出一条指向正南、正北的线，并在线上标出两个点。以这两个点为中心，画出两个相互重叠的圆弧。

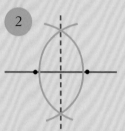

2

画出一条通过圆弧相交点的直线，从而产生精确的直角及一条指向正东、正西的新线。

为确保各角都成直角，古埃及人还必须使各边都是笔直的。为做到这一点，他们可能在地面上打上一些桩，并确保这些桩看上去排成一行。

找到北

运用卫星观测我们发现，从太空上看，金字塔完全以指南针的方位排成一行。然而它们是在磁罗盘被发明的数千年前建成的，那么，建造者是如何完成这一惊人壮举的呢？古埃及人通过观察正午阴影（始终指向北）或北极星能够找到真正的北。通过画一条与南北线成直角的线，他们可以找到东和西。

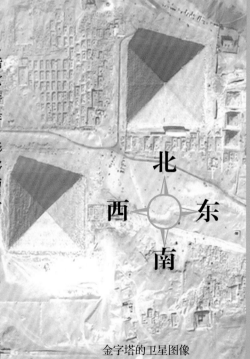

北
西　　东
南

金字塔的卫星图像

金字塔真相

胡夫大金字塔是用230万块石灰岩石块建造的，一些石块的重量高达15吨。这些石块非常整齐地摆放在一起，连信用卡都插不进去。

金字塔是在发明轮子之前建造的。沉重的石块是用木筏沿着尼罗河运载的，然后被装上橇子拖到特制的石坡道上。

金字塔新建成时是耀眼的白色，表面光滑、平整，无法攀登。塔顶覆盖着黄金。

15

土地测量

埃及位于撒哈拉大沙漠——地球上极热、极干燥的地方。但幸亏有穿过沙漠的尼罗河，使得那儿有一块细长、肥沃的土地，非常适合耕种。无数个世纪以来，农民在尼罗河沿岸播种和收获小麦。土地的肥沃是由于尼罗河每年的泛滥。在古代，修筑尼罗河水坝之前，每年夏季尼罗河都会冲毁河岸并淹没农田。当水流干后，留下一层含有丰富营养的淤泥，肥沃了土地。

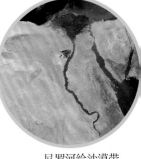

尼罗河给沙漠带来水资源，使得沿河两岸植被茂密。

边长分别为5、12、13个单位长度的三角形总是呈直角三角形。

尼罗河每年的泛滥还冲毁了农田和沟渠，因此埃及农民每年都不得不重新划出田地。这是一项重要的工作。农民必须知道农田确切的大小，因为古埃及的统治者是按土地的面积向他们征税。农民用按一定间隔打结的绳子，将土地划成新的田地。他们将绳子拉成三角形，通过数每一条边上结的数量做成合适的形状，然后用木桩标出各角。

农民知道，边长分别为3、4、5个单位长度的三角形总是直角三角形。边长分别为5、12、13个单位长度的三角形也一样。通过将两个直角三角形合并在一起，就可以划出一块已知面积的长方形地块。对农民来说，用这种方法将一长条土地划分成许多个矩形既快又方便，一次只需移动一根钉，再将绳子抛过去画出另一个三角形。

成直角了吗？

这一象形文字显示埃及农民使用打结的绳子测量麦田。

测算面积

大多数农民的土地都可能是简单的矩形，但如果一些区域的农田是不规则的形状又会怎样？税务人员怎样才能计算出土地面积并征税？凭着一点儿智慧，古埃及人还是用三角形解决了这个问题。

1 任何有直边的形状，都可以被交叉直线分成若干个直角三角形。

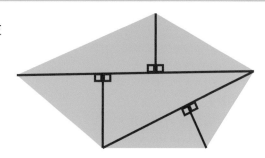

2 很容易计算出每个三角形的面积，因为直角三角形只不过是半个长方形。

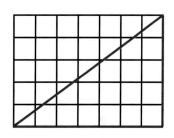

3 因此，可以用长度乘以宽度再除以 2。然后，只需将所有的三角形面积相加就算出来了。

$$5 \times 7 = 35 \qquad 35 \div 2 = 17.5$$

智力测验

利用上述技巧，假设每个灰色方块是 1 平方厘米，看看你是否能计算出这个四边形的面积。答案在书的后面。

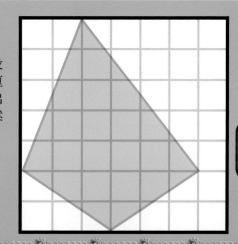

我是一个磨损的绳结。

都是古希腊人

测算角度

古代巴比伦（现伊拉克）的天文学家注意到，每个夜晚，星星升起的位置略有不同，且一年一个循环。他们将这一微小的每日变化称为"度"，因为一年大约有 360 天（根据巴比伦日历），他们将循环也划分成 360 度。今天，我们仍然使用度来测算角度，其实只是一个整圆的份额。

分和秒

巴比伦人测算恒星移动的角度具有惊人的准确性。他们将每度分为 60"分"，每分分为 60"秒"。我们今天仍然使用这一系统，不仅用于衡量度，还用于衡量时间。但是，为什么分为 60，而不是 10 或 100？答案也许是，巴比伦人用手指段计数而不只是用手指。通过用一只手记录另一只手计算的总数，他们可以用双手总共数到 60。

观察星星、修建金字塔及测量土地，使古埃及人对角和三角形了解了很多。他们的专业知识被后来的文明——古希腊文明传承下来。古希腊人发现得越来越多，并将他们有关三角形和形状的知识变成一个完整的数学新分支——几何学（希腊语意思是"地球测量"）。

三角形和正方形

我们所知的伟大的数学魔术师之一，是一位名叫毕达哥拉斯的人。他对古埃及人用于测算土地的直角三角形非常着迷。古埃及人发现，通过创造边长分别为 3、4、5 个单位长度或 5、12、13 个单位长度的三角形，就能形成直角三角形。毕达哥拉斯发现了别的东西，他以三角形的各边长分别画出正方形，发现两个小正方形的面积相加似乎总是等于大正方形的面积。之后，他利用数学逻辑更进一步证明，任何类型的直角三角形的边成的正方形总是符合这种规律。他发现了一个数学法则。

毕达哥拉斯使数学成为一种宗教，他本人担任主教。他的一群虔诚的追随者使用专门的数学密码识别自己的身份。他们相信，从恒星的运行到音乐的声音，任何事物的背后都存在着数学规律。

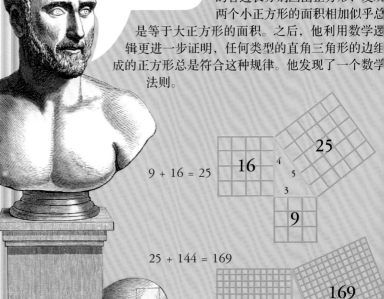

$9 + 16 = 25$

$25 + 144 = 169$

三角形技法

一位名叫泰勒斯的古希腊数学家利用自己的三角形知识，想到一个精巧的方法，不用爬上物体就能测算物体的高度。等到你影子的长度等于你的身高时，在这一刻，其他一切物体——不论是树还是庙宇——影子也将与它们的高度一样长。那么只要简单地测量它们的影子，就能知道它们的高度。

毫无疑问，我跟我的影子一样高。

当阳光呈 45° 角射来时，你影子的高度等于你的身高。

$$x = y$$

泰勒斯的技巧之所以成功，是因为太阳。他的身体和他的影子形成一种特殊的三角形。一个角是完整的 90° 角（直角），而另外两个都是 45° 角（半个直角）。希腊人知道，如果一个三角形的两个角相等，那么必然有两条边也是相等的。同样的，三角形也方便测量其他东西。想象一下，你想知道船舶距离岸边有多远。所有你需要做的，就是找到一个使船舶与岸边成直角的点及一个成 45° 角的点。两点之间的距离就会告诉你船舶有多远。

根据我的推算……那条船停错了地方！

当伐木工人伐倒一棵树时，要站多远才没有被砸的危险？至少要等于树高（为了保证安全，再留点富余）。如果从你所站的地面到树尖的角度大于等于 45°，那么你离得太近了。但如果角度小一点，你站的距离就比树高远一点。凭着经验，应该使用边长比例为 3：4：5 的三角形（地面的一边为 4），使树有倒下的空间。

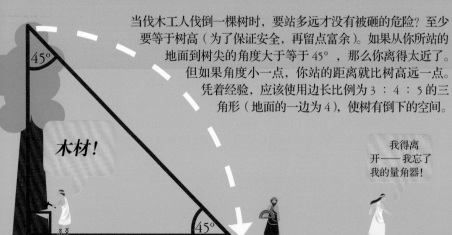

木材！

我得离开——我忘了我的量角器！

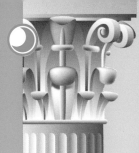

使用两个三角形

当阳光的照射角度为 45° 时，测算某物的高度很容易，但如果阳光以其他角度照射到地面上又会怎样呢？另一位名叫希巴克斯的古希腊数学家知道答案。他可以用两个影子计算出一根柱子的高度：一个是柱子的影子，而另一个是一个较小物体的影子，比如更容易测量身高的人。物体与它的阴影形成两个大小不同但形状相同的直角三角形。

这些三角形左边的角总是一样大。希巴克斯意识到，这意味着大三角形是小三角形按比例的扩大版。因此，如果人影的长度是他身高的两倍，那么柱子的影长必然也是其高度的两倍。无论阳光的角度如何，人的身高除以他的影长，再乘以柱子的影长，总是等于柱子的高度。真是聪明！

> 我，希巴克斯，是古希腊最伟大的天文学家。其他人都站在我的影子里！

三角学

希巴克斯又向前迈进了一步。他意识到并不需要两个三角形——只需一个就能测算出一切。随着阳光的角度变得越来越陡，人的影子（b）变得越来越短。因此，身高与影子的比率（a/b）必然越变越大。这个比例被称为角的正切。同样地，身高与三角形斜边长度的比率被称为角的正弦，而影子与斜边的比率被称为角的余弦。希巴克斯计算出一切可能角度的相应比率，并把结果汇编成一个数字表。用这些表，只要知道角度（除直角以外）以及某一条边的长度，就可以计算出任意一个直角三角形的其他边长。他发明了一个全新的数学分支：三角学。

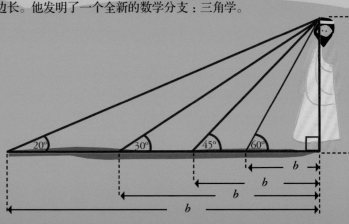

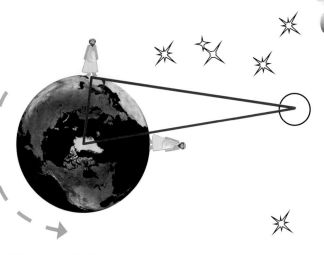

难以捉摸的三角

三角学听起来像是一个吓人的数学分支，但实际上相当简单。只是根据少许信息计算出直角三角形的各个维度（向量）的一种方法。唯一真正复杂的事是学习行话——像正弦、余弦和正切这样的术语。这些术语告诉你任意两条边的比率。幸而有一个简单的方法能把它们都记住……

测算月球的距离

希巴克斯发明三角学并不仅仅是为了测算物体的高度。他用它来研究太阳、月亮和行星的运动。他用奇妙的数学计算月球与地球的距离有多远。为此，他对月亮在头顶时的大小和方位进行了测算，并与月亮在地平线上时所测算的结果进行比较。通过画一个直角三角形，他正确地计算出月球与地球的距离是地球直径的30倍。

从计算一把老虎钳能施加的力度到挖掘隧道，三角学在现代世界中有各种各样的用途。1905年，建筑师利用三角学原理开凿贯穿阿尔卑斯山的辛普伦隧道。他们从两端开凿，但因为山的阻当，他们无法确定通向另一端的挖掘路径。因此，他们用从隧道两端都能看见的另一点与隧道的两端相连，虚构了一个三角形来代替。他们计算出角度，并开始挖掘。最终两个挖掘组在中间相遇了——误差仅10厘米。

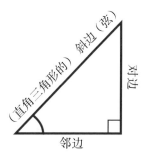

这就是你需要在学校里学习的知识：

正弦（Sine）= 对边（Opposite）/ 斜边（Hypotenuse）

余弦（Cosine）= 邻边（Adjacent）/ 斜边（Hypotenuse）

正切（Tangent）= 对边（Opposite）/ 邻边（Adjacent）

怎样才能记住它们呢？很简单。只要学会SOHCAHTOA这个词或尝试并记住这句话：*Some Old Happy Cats Are Having Trips On Aircraft*（一些快乐的老猫正在乘飞机旅行）。或这句话：*Some Old Hags Can't Always Hide Their Old Age*（一些老巫婆不能总是瞒住自己的年龄）。

球形的*地球*

　　直到 3000 年前，人们才对地球的大小或形状有了一定程度的了解。在美索不达米亚（现伊拉克），人们以为地球是一个漂浮在巨大海洋上的平盘。在中东的其他地区，人们认为地球是一个有洞的巨大的圆屋顶一样的东西，太阳通过洞升起或落下。直到航海家开始探索海洋，人们才开始意识到惊人的事实：地球是一个巨大的球体。

腓尼基航海家

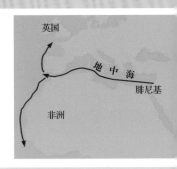

　　最早意识到地球是球形的人类，可能是 3000 年以前生活在我们现在所知道的黎巴嫩地区的腓尼基人。与阿拉伯半岛和非洲北部的沙漠不同，腓尼基是有着山脉和森林的绿地。腓尼基人用木材建造了巨大的船舶，可以航行数百英里，横跨地中海甚至更远的地区。他们前往非洲南部各地购买奴隶，还到达欧洲北部英国的锡利群岛购买青铜。

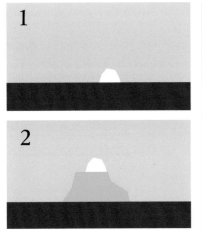

喂，陆地！

　　当接近岸边时，腓尼基航海家发现陆地以奇怪的方式出现。他们不是简单地看见渐渐变大的岛屿——他们看见的景象是从上到下逐渐出现的。首先看见的是山顶，然后是低一点的山坡和小山丘，最终看见的是岸边。同样，在港口等待船舶到来的商家首先看到的是桅杆的顶端，然后是帆，最后是船体。无论腓尼基人航行到什么地方，都会发生同样的情景。这证明海平面不是平的，而是弧形的。

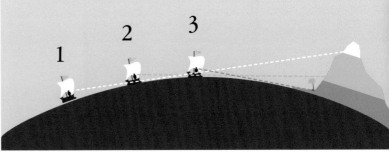

航海者的视野

　　一个航海者可以看到的距离，取决于他视线的高度。从海平面稍微上升一点就能产生很大的差别——甚至站在别人的肩膀上，就可以让你多看 2 千米远。要看到两倍远，你要站高 4 倍。为了有更开阔的视野，航海者常常爬上桅杆的顶端。

高出水面的高度	航海者能看见的距离
1.5 米	5 千米
3 米	7 千米
6 米	10 千米
12 米	14 千米
18 米	17 千米
30 米	22 千米

根据太阳航行

  腓尼基人没有指南针的引导，但他们沿海岸航行很长的距离却不会迷失方向。在前往英国和非洲的长距离航行中，他们发现中午的太阳在北方较低，使中午的影子比较长，但在南方较高，使中午的影子比较短。引起差异的原因是地球的形状是球形的，造成中午的太阳以不同的角度照射到不同的地方。腓尼基人意识到，他们可以利用中午太阳的高度和影子的长度，粗略地估计已经向北或南航行了多远。

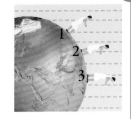

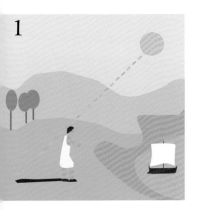

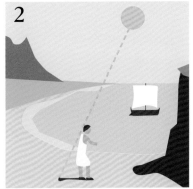

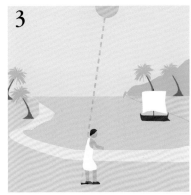

根据星星航行

  有经验的天文学家知道，在夜间，虽然大部分星星的位置会发生变化，但有一颗星挂在广阔天空中总是保持不动——北极星。北极星几乎完全位于正北，被航海者当作指北针已经有几百年了。腓尼基人在非洲南部航行时注意到，随着他们向北航行，北极星逐渐升高，而随着向南航行，北极星逐渐消失在地平线。星星的高度是一种比太阳更好的测算向北或向南航行了多远的参照物，因为与太阳不同，北极星不随时间的流逝和季节的变化而移动。

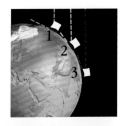

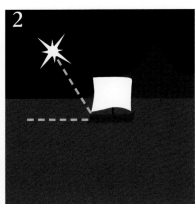

纬度

  太阳和星星帮助古代人类测算一年的长度。现在，腓尼基人发现也可以利用它们来确定自己在地球曲面上的位置。他们发现了一个粗略的方法测算我们现在所说的纬度。纬度是赤道（地球的中间）和地球上任意一点到球心的连线之间的角度，表明你在地图上向上或向下（向北或向南）到什么程度。后来的航海者发现，仅仅通过观测北极星的角度，就能精确地测算出纬度。但是，就像我们之后将要发现的，这是发生在航海者知道如何衡量它们向西或向东移动了多远并由此确定经度的数百年以前。

测算地球

像腓尼基人一样，古希腊人也知道地球是球形的。但是，一位聪明的古希腊人更进一步地测算了我们这个星球的大小——具有惊人的准确性。

古希腊有一位极其聪明的数学家名叫埃拉托色尼。埃拉托色尼居住在埃及的亚历山大市，该市在公元前240年是古希腊帝国的首都。作为一位杰出的作家和教师，他被推举主管亚历山大市的大图书馆，在那里，希腊人保存着写下他们所有宝贵知识的纸卷轴。

一天，埃拉托色尼偶然被一个故事所吸引。他读到埃及南部西奈镇有一口非同寻常的水井。这口井每年只有片刻——夏至日的中午，阳光可以直接照射到水井并直射到水的底部，然后向上反射出耀眼的光芒，就像一面镜子。埃拉托色尼意识到，这一刻太阳必须正好在头顶上，以致它的光芒完全垂直地照射地面，几乎投射不下任何影子。

什么……?!

但是，太阳在埃及北部的亚历山大并没有做同样的事情。在亚历山大，夏至日阳光以一个微小的角度照射地面，投下很短的影子。埃拉托色尼发现了一个高大的支柱，并测量了它的高度和影子的长度。他画了一个三角形，并通过这个三角形算出了阳光的角度：偏离垂直线7.2°。

7.2°

古希腊人知道，阳光的光束总是平行照射的，因此，在亚历山大和西奈阳光照射的角度不同，是由于地球的曲率。腓尼基人已经发现地球是球形的，但现在埃拉托色尼有了足够的信息来测算出它的大小。

他设想两条直线穿过水井和支柱，并一直延伸到地球的中心，在那里交汇。他认为这两条线也必然会以 7.2° 角相遇。由于 7.2° 是圆的 1/50，要计算出地球的周长，埃拉托色尼所有要做的就是测算出亚历山大和西奈之间的距离，并乘以 50。他得到的答案是 40000 千米——几乎完全正确。

7.2°   7.2°

$$360° \div 7.2° = 50$$

$$50 \times 800 \text{ 千米} = 40000 \text{ 千米}$$

埃拉托色尼用自己的发现画出一张新的世界地图。通过巧妙地比较夏至和冬至的天长，他甚至把纬度线画上了地图。但是，没有人把它当真。问题在于地球远比他们想象的要大得多。埃拉托色尼说，肯定有尚未发现的广阔大陆或海洋，但人们认为这很难相信。他还认为海洋比陆地多，海洋汇聚成一个巨大的互相连接的水域——他又对了。

> 瞧！我的新世界地图！

> 是啊，好吧，如果你这么说！哈哈！

埃拉托色尼没能活着得到他应得的赞誉。他在 80 多岁时死去，当时他已经失明并且生活很悲惨——他被饿死了。直到大约 1700 年后，他的理论终于被证明是正确的。在这期间，数百名航海者因遵照那些尺寸完全错误的世界地图而葬身大海。

愿他安息
公元前
276—前194年

亚历山大

160 千米

320 千米

480 千米

640 千米

西奈

800 千米

西奈距离亚历山大800千米

为什么是 **π**?

$\pi = 3.1417...$

一旦埃拉托色尼计算出地球的周长，就能计算出地球的直径（宽度）。但要做到这一点，他需要一个早在古希腊时代很久之前就已使人着迷的特殊数字：圆周率（π）。π（发音为"派"）是圆周长与其直径的比率，我们用希腊字母 π 来表示。

π 究竟是多少?

正如我们现在所知道的，π 约等于 3.14。我们说不出 π 的值究竟是多少，因为 π 小数点后的数字是无穷无尽的，且毫无规律。精确地算出作为两个整数之间比率的 π 是不可能的，所以我们称 π 为*无理数*。而且也没有直接的方程可以用来计算 π，所以我们也称 π 为*超越数*。所有这一切不仅使 π 无法精确地计算，而且还完全不可思议。

做办不到的事

古希腊人喜欢只用一把尺子和一支圆规解答几何难题。例如，他们掌握了如何在一个圆中画出六边形……

……但他们想出了一个真正难倒他们的几何难题。

1

用圆规画出一个圆，然后在圆内画出直径相等的弧线。

2

用直线将交叉点连接起来。

3

成功了：一个完美的六边形!

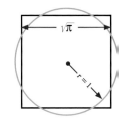

面临的挑战是：画出一个圆，然后用尺和规画出一个与之面积相同的正方形。这就是所谓的"做办不到的

寻求 **π**

π 不可能被精确计算的事实，并没有阻止人们的努力尝试。问题在于准确地测量圆的周长（测量直径是一件容易的事）。埃及人曾尝试过。他们画出如下的图形—— 一个内接六边形的圆。六边形由 6 个等边三角形组成。你可以看到，六边形的周长是 6 个边长，其跨度是 2。因此，六边形的周长与其直径的比率为 3。现在横跨圆的距离是 2 个边长，但圆周长显然不只是 6 个边长，所以 π 必然大于 3。埃及人作出了漂亮的猜想：$16^2/9^2$，即 256/81 或 3.16。

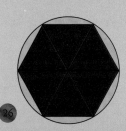

越来……

大约公元前 250 年，古希腊数学家阿基米德通过把圆夹在其他形状之间得出更近似的 π。这种设计独特的技巧使他能够算出越来越精确的圆周长。在右下的这个例子中，圆的周长肯定介于两个正方形周长之间。阿基米德意识到，随着边的增加，答案就会越来越精确。

4 边形

为什么是 π？

古人知道 π 重要，但绝对想不到它会多有用。如今，从飞机航线到声波分析，科学家和工程师用 π 进行范围广泛的有关圆周和曲线的计算。

周长
直径
半径

3589793238462643383279502884197169399375105820974945...

事"。古希腊人始终没能解决这个难题，今天我们知道这是怎么回事了。解决难题涉及使用 π 的平方根（√π）来制作正方形，但超越数的平方根是无法计算的。

希腊雅典的狄俄尼索斯剧场

圆形建筑

对古希腊人来说，圆不只是一个数学奇趣。它们被用于修建半圆形剧场，弯曲的形状不仅能给每一位观众很好的视野，而且还可以放大声音。虽然古希腊剧场令人印象深刻，但它的结构其实非常简单，像是融入自然的碗形凹地。我们故事中的下一个文明事例是，世界上一些用圆和曲线建造的令人惊叹的建筑。

…… 越接近

他试了六边形，得到更接近的答案。加的边越多，多边形的边缘就越接近圆，答案就越精确。他继续增加多边形的边，直到 96 条边，多边形看上去几乎与圆形没有什么区别。96 边形得出的结论是，π 的值介于 3.1408 和 3.1428 之间—— 一个辉煌的成就。彼时，它是最准确的 π 值，500 年后中国数学家提高了 π 的精确度。

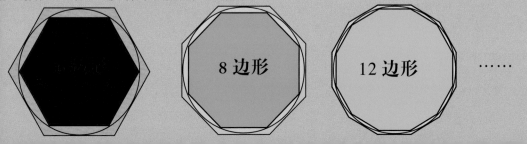

8 边形

12 边形

……

古罗马的建筑

古希腊人是伟大的建筑师，但他们的建筑多数是用许多圆柱支撑屋顶的简单矩形。然而，征服了古希腊并接管了地中海地区的古罗马人，有更好的想法。其强大的帝国横跨欧洲并延伸到非洲北部。对古罗马人来说，壮观的建筑是统治和加强其管辖的手段之一。当今仍然可以看到许多这些结构的建筑物——证明了古罗马人的工程技术。

拱 门

古罗马人很快就发现了半圆形拱门的优点——只需少量石块建造，但承重能力卓越。拱门的每一石块都被它上面石块的重量稳固地固定住。如果在顶端放上重物，其重量会通过拱和梁柱被均匀地分散下去，使拱门惊人的稳固。拱门的结构如此牢固，以至于可以将其顶部建成方形的，然后在上面再建一个。

球 形

古罗马人有关拱形的专门知识，在一个围绕球形建造的庙宇——万神殿达到了新的高度。万神殿至今依然矗立在罗马。沉重的半球形穹顶不是用石头而是用混凝土（古罗马人发明的）建造的，其中心有一个孔，被用作日晷。如果将穹顶的曲面形状延续到地面，会形成一个在中心点触地的完美的球形。

斗兽场

古罗马人不仅善于将圆形和球形运用于他们的设计中——还运用了椭圆。椭圆是一个长度大于宽度的完美的圆弧形状。罗马斗兽场是一个巨大的椭圆形建筑，是当时的娱乐宫殿。其建筑规模很大，是观看角斗士、囚犯和野兽搏斗的场所。

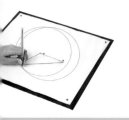

简单的椭圆 古罗马人如何创造椭圆是一个谜，但他们可能使用了这样的方法。用一根没有弹性的绳子结成一个环，把两根大头针插在纸上（两根大头针之间的距离小于绳子长度的一半），然后把绳环套在两根大头针上。用一支铅笔把线拉紧。围绕大头针移动铅笔，保持将线拉紧并确保线不会滑落。哎哟——画出了一个椭圆！

如何建造斗兽场……

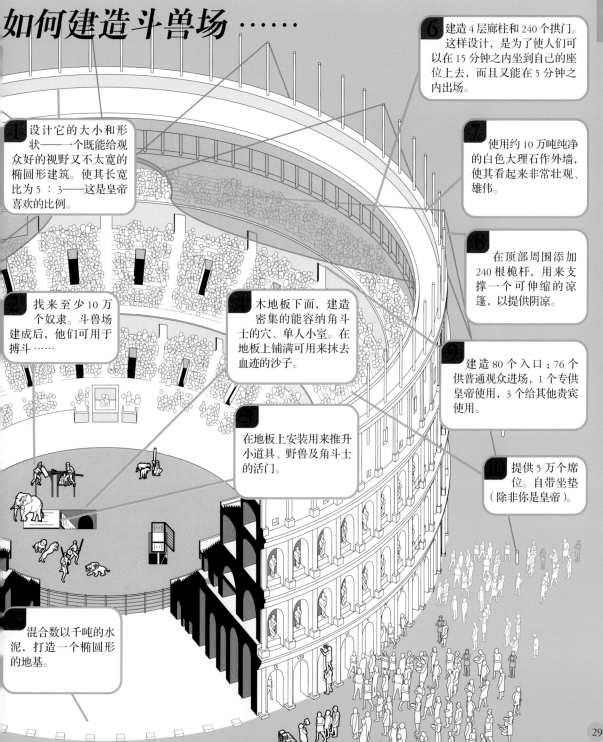

6 建造4层廊柱和240个拱门。这样设计，是为了使人们可以在15分钟之内坐到自己的座位上去，而且又能在5分钟之内出场。

1 设计它的大小和形状——一个既能给观众好的视野又不太宽的椭圆形建筑。使其长宽比为5：3——这是皇帝喜欢的比例。

7 使用约10万吨纯净的白色大理石作外墙，使其看起来非常壮观、雄伟。

2 找来至少10万个奴隶。斗兽场建成后，他们可用于搏斗……

4 木地板下面，建造密集的能容纳角斗士的穴、单人小室。在地板上铺满可用来抹去血迹的沙子。

8 在顶部周围添加240根桅杆，用来支撑一个可伸缩的凉篷，以提供阴凉。

5 在地板上安装用来推升小道具、野兽及角斗士的活门。

9 建造80个入口：76个供普通观众进场，1个专供皇帝使用，3个给其他贵宾使用。

10 提供5万个席位。自带坐垫（除非你是皇帝）。

3 混合数以千吨的水泥，打造一个椭圆形的地基。

建造渡槽的技巧

　　牢固、实用、美丽！这就是古罗马人渴望的建筑。他们的巨大渡槽把水从 100 千米远的地方输送到城市，沿途的坡度平缓得几乎看不出来。这项工程是一个惊人的壮举，证明古罗马人掌握了先进的测算技巧。渡槽提供的水是如此充沛，使古罗马城到处都是冒泡的喷泉和豪华浴室。

城市

　　古罗马城需要大量的水。事实上，古罗马人的用水量是今天我们人均使用的近 3 倍，仅浴室的数量就很庞大。例如，古罗马的卡拉卡拉浴场，比一个足球场还要大。

拱廊

　　漂亮的拱廊是保持水位上升以便使水流进城市的理想方式。拱廊是有着一系列拱门的桥。建筑拱廊所用的材料要比建墙少，且人们容易从下面通过。许多拱廊已成为罗马帝国著名的遗迹。

墙

　　如果水仅需高于地面不足 1 米，古罗马人会建造一座顶部为水槽的墙。如果水的高度需要超过 1.5 米，他们则改为建造一座拱廊。

坡度是惊人的平缓——在 1 千米距离内，

嘉德水道桥，法国

　　这座建筑棒极了，是近 50 千米长渡槽的一部分，将水输送到罗马城市尼毛苏斯。渡槽每天输送 2 万立方米的水。

顶尖人物

古罗马时代非常伟大的建筑师之一名叫维特鲁威。我们对古罗马建筑的了解，许多来自他的著作《建筑十书》。书中他论述了如何设计和建设渡槽，指出每 30 米下降的高度不应超过 1.3 厘米，以便水能缓缓地流过。古罗马人怎样用他们简单的测算工具取得如此令人惊叹的功绩仍是一个谜。

湖

地沟

罗马渡槽约有 4/5 是浅埋的地沟。有时带有衬里以阻止水渗出。

隧道

如果途中遇有山脉，则开凿隧道。从山的表面往下凿竖井比较省力。隧道完成后，这些竖井都被打开，以便将工人送下去清理可能堵塞隧道的水垢。

虹吸管

导管被称为虹吸管，有时用来将水带过山谷。让虹吸开始处的水位高于末尾的水位，无须水泵，水就会由虹吸管下游部分向上流。

水下降的幅度小到 30 厘米。

古罗马的道路**难以置信的笔直**，并延伸数千千米，使古罗马军队能**快速行动**。但古罗马人是怎样把路修得这么直的呢？

古罗马的道路从视觉上看完全笔直，从山顶到下一座山顶，只在遇到河流时拐弯。古罗马人借助一种被称为格罗玛的勘测工具来设计路线。工具由一根直立的杆和顶端两根交叉成直角的棒组成。在交叉棒的两端用线悬挂上重物（铅垂线）。铅垂线确保标志杆直立，并始终完美地成直线。格罗玛也帮助建造者使渡槽的斜坡成直线。

格罗玛

悬挂铅垂线

为什么用人体 *测量*?

世界上第一个测量仪器就是人体。在人们发明尺子或其他衡量长度的装置之前,他们用自己的身体去进行简单的比较。即使在今天,我们仍使用一些身体部位的名称作为单位尺寸或单位距离。

纵观历史,人们用手指数数及用双手、胳膊和腿进行测量。最大的人体尺寸是一个人的身高;最小的是毛发的宽度。

码

英国国王爱德华一世,用从鼻子到伸出的手指之间的距离表示 1 码(1 码 ≈ 914 毫米)。现如今,大多数人都不使用码来衡量,而使用略长一点的米。所以裁缝把头一侧,以便加上额外的 86 毫米。

英寻

航海者将缆绳从一只手拉伸到另一只手,量出一次为 2 码。他们称这一距离为 1 英寻。把缆绳按英寻打结,并在一端拴上重物,可以测量浅水区的水深,还可以检查大船是否会搁浅。

肘是一个非常古老的人体尺寸,是基于一个人从肘到手指尖的前臂长度——457 毫米。在《圣经》里,诺亚方舟被说成一艘巨大的,长 300 肘(137 米),宽、高各 30 肘(14 米)的船。事实上在 1858 年以前,人们无法建造出这么大的船舶。

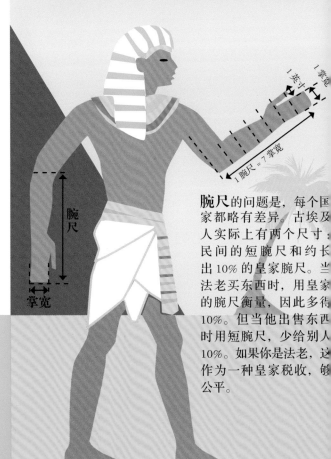

腕尺的问题是,每个国家都略有差异。古埃及人实际上有两个尺寸:民间的短腕尺和约长出 10% 的皇家腕尺。当法老买东西时,用皇家的腕尺衡量,因此多得 10%。但当他出售东西时用短腕尺,少给别人 10%。如果你是法老,这作为一种皇家税收,够公平。

以下陈述是对还是错:

1490 年，意大利画家莱昂纳多·达·芬奇，创作了一幅著名的油画，其灵感来自罗马建筑师维特鲁威和古罗马的测量。这幅画被称为《维特鲁威人》，是一个伸出的手臂和腿内接于一个圆圈和正方形中的裸体男子。男子的肘、脚、手掌及步幅都被精确地展现出来，而且是以完美的比例。

油画《维特鲁威人》显示，一个人两臂伸展的距离（1 英寻）大约等于身高（1 个身长）。亲身体验一下，背对墙站好并标记你的身高，然后看看你的手臂伸展开是否等于这个高度。

古罗马人用步长来测量长距离。一步或一节，约 1.6 米。如果把卷尺放在地板上，你会看到这实际上是两步。专业步测者通过只数右脚或左脚脚步来测量城镇之间的距离。1 千个步长——千步——被称为 1 英里，一个我们至今仍在使用的单位，尽管罗马英里约为 129 米，短于我们现在使用的"法定英里"。

当今，一些士兵在行军时高喊 "Left, left, I had a good home and I left!" 来计数八。

766，767，768……哎呀，我又数错了！

古罗马人还使用了脚（足）。罗马脚为步长的 1/5，以及身高的 1/6，约为 29.5 厘米。但比人脚长的平均值要长，正如现代的英制英尺。也许罗马脚的尺寸包括古罗马人穿着的坚韧的皮革凉鞋。

步长　脚长

手指和大拇指不能成为非常可靠的测量手段，因为每个人的都不一样。这就是为什么"单凭经验的方法"是指近似。英寸可能是基于一个人拇指指关节的宽度。在许多语言（包括法语、西班牙语、意大利语、瑞典语、葡萄牙语和荷兰语）中，英寸这个词也是拇指一词。

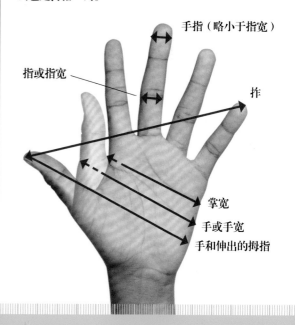

手指（略小于指宽）

指或指宽

拃

掌宽

手或手宽

手和伸出的拇指

1 手 = 10 厘米

手，是指合上拇指时手的宽度。这个老式的尺寸，现在只用来测量马匹从马蹄到其肩部的高度。一匹低于 14.2 手的成年马被称为矮种马，高于这个尺寸的称为马。世界上最小的"马"，被叫作"拇指姑娘"，只有 4 手高。

'绝大多数人有超过平均数量的腿。"

黑夜

只要看看外面的亮度，我们就大概知道是一天的什么时候了。在过去，人们还发现如何利用星、火、水和阴影来

下午 6 点

北斗七星 ——— 北极星

晚上 11 点

北极星

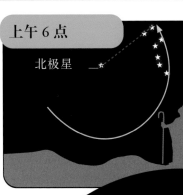

上午 6 点

北极星

星座时间

正如我们在前面看到的，当其他恒星由于地球的自转围绕地球运转时，只有北极星在夜空中保持不动。早期人类发现，可以通过观察像时钟的时针一样围绕北极星移动的星座来测量时间。因为北极星与北斗七星的最后两颗星连成一线，要找到北极星，只需找到北斗七星。

星钟

在中世纪，人们用一种被称为夜间定时仪的装置根据星星读取时间。这种装置有一个旋转臂与北斗七星的最后两颗星连成一线（"指针"）。在第 37 页找到如何自己制作星钟的方法。

一天有 24 小时

用火计时

一旦发现了火，人们就有了取暖、做饭、吓退天敌及照亮住宅的东西。他们在装有灯芯的小容器里灌入油，并将灯芯点着，制成油灯。随着时间的流逝，油灯里的油面缓慢下降，提供了时间的估量。后来，标有小时刻度的蜡烛被大量使用。

海贝油灯

蜡烛钟

因为地球自转，形成白天和黑夜。

是谁把一天分成了两个 12 小时？

白天

准确地衡量白天或夜晚的时间。

请别动……行了！
现在是 6 点半！

古埃及麦开特

古埃及人创造了一种计时装置称为麦开特。需要两个人操作，一人从木棒的 V 形切口向另一根木棒看过去，以便准确看见星星或太阳。在晚上，麦开特如同一个星座钟，但它也可以同北极星一起用来在地面上形成一条南北线。当太阳沿此线投下阴影时，就是中午。

地球
自转轴

沙钟

约在 700 年前，沙漏被首次使用。沙子慢慢地流过两个玻璃球之间的颈。当上面的球变空时，被测的时间量已经过去。这不一定是一个小时——可以是 5 秒到一年的任何时间长度！3 分钟的小沙漏被称为煮蛋计时器，至今还在为掌握煮蛋时间而使用。

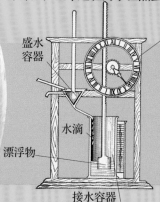

盛水
容器

钟面

水滴

漂浮物

接水容器

水钟

水钟的工作原理与沙漏相似，但依靠的是水滴流过一个微小的口。古希腊人使用被称为漏壶（如左图所示）的水钟，意思是"偷水的小偷"。早期的水钟用于收集水滴的容器刻有小时刻度，但后来的形式更加精密而且有一个钟面，钟面上的时针由可上升漂浮物带动。

影子钟和日晷

古埃及人造出了简单而实用的影子钟（如左图所示）。它被按东西朝向摆放，有一根翘起的棒，早上面对升起的太阳，下午面朝西。各个时代都有各种不同设计的日晷（如右图所示）。在这里，中心金属棒（指时针）投下的影子，投在圆形的钟面上。

影子

埃及
影子钟

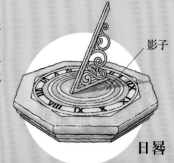

影子

日晷

制作日晷

用少量木材、一支铅笔和一些橡皮泥，就可以做一个每当阳光灿烂时就可以显示时间的日晷（注意：你需要成人帮助削割木材）。

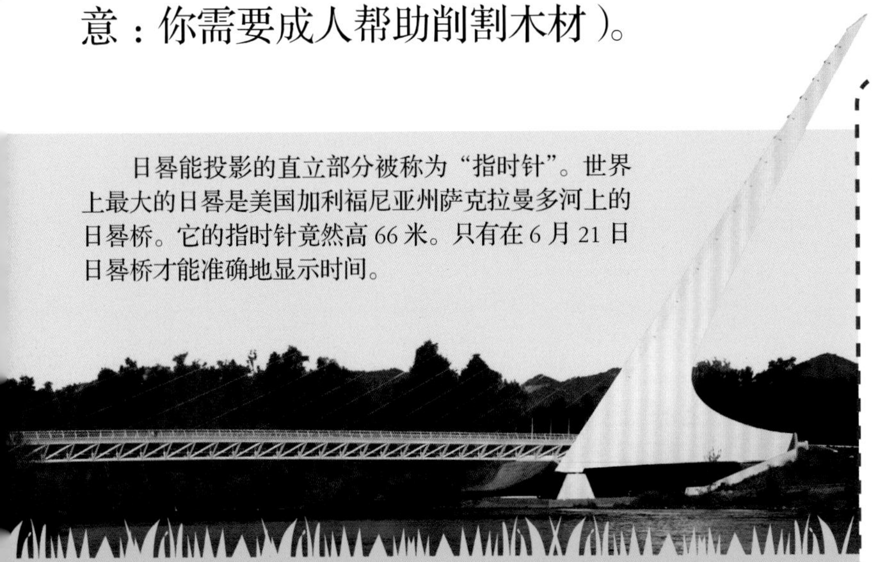

日晷能投影的直立部分被称为"指时针"。世界上最大的日晷是美国加利福尼亚州萨克拉曼多河上的日晷桥。它的指时针竟然高 66 米。只有在 6 月 21 日日晷桥才能准确地显示时间。

安装指时针

为使日晷产生良好效果，指时针必须与地球旋转轴成一线。为确保如此，应使指时针的安装角度等于你所在的纬度。使用地图集或互联网找到你居住地区的纬度。例如纽约位于北纬 40°。

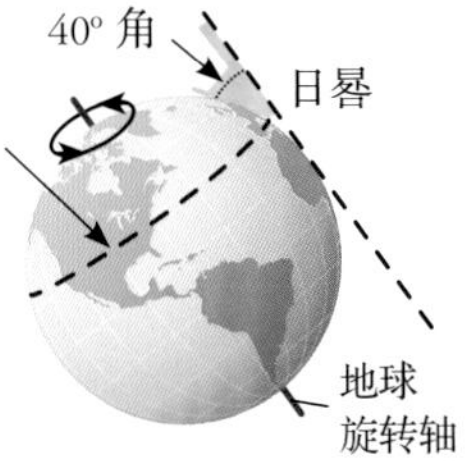

40° 角

北纬 40°

日晷

如果你住在北半球，将指时针指向北方。如果你生活在南半球，则指向南方。

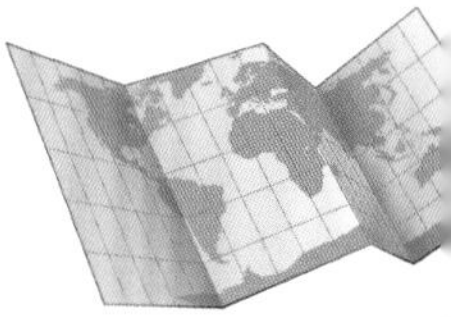

地球旋转轴

第一步

从木板的一边到另一边用铅笔画一条直线。在直线的中心点画上一个圆点作为标记。**偏离此点 15° 画一条直线*。**依此类推，用笔按同样角度转着画线。如成品板（右图）显示写上时间。

北
西 东
南

请确认你的日晷指向正确的方向！

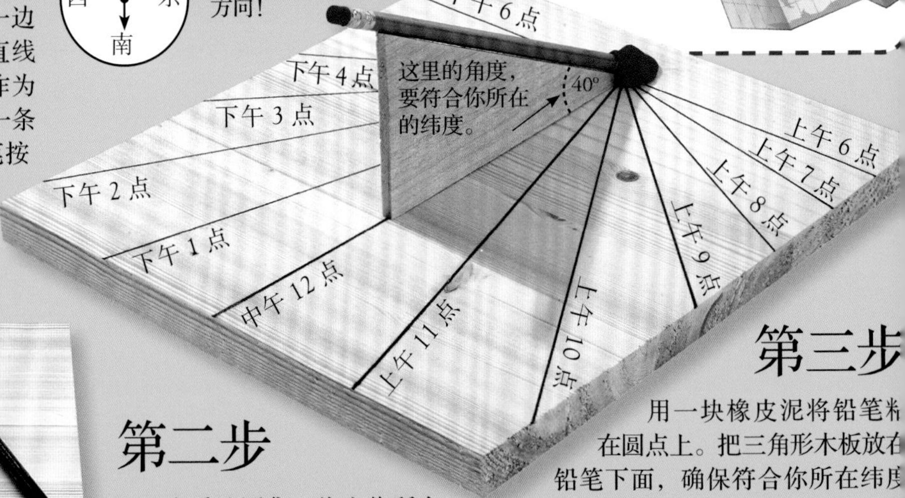

下午 6 点
下午 4 点
下午 3 点
下午 2 点
下午 1 点
中午 12 点
上午 11 点

这里的角度，要符合你所在的纬度。

40°

上午 6 点
上午 7 点
上午 8 点
上午 9 点
上午 10 点

第二步

15°

查看地图集，找出你所在的纬度。当纬度确认后，请求大人将一块木板切割成三角形，其中一个角的度数必须与你所在的纬度相等。

第三步

用一块橡皮泥将铅笔粘在圆点上。把三角形木板放在铅笔下面，确保符合你所在纬度的那个角是在圆点上。用胶水将三角形木板固定住。将你的日晷搬到屋外并放置在平面上。如果你住在北半球将指时针指向北方，如果你住在南半球，则将指时针指向南方。

* 如果线与线之间的角度为 15°，只能使日晷大致正确。为使日晷更加准确，需要将小时线之间的角度订制得符合你所在的纬度。可以通过使用互联网上的日晷阴影角度计算公式做到这一点。

制作星钟

向朋友展示一下你通过观察星星就能知道时间的本事！你需要找到北斗七星和北极星才能使用这个钟（注意：只能在北半球使用）。

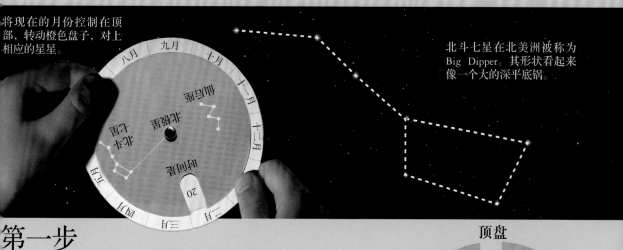

将现在的月份控制在顶部，转动橙色盘子，对上相应的星星。

北斗七星在北美洲被称为 Big Dipper。其形状看起来像一个大的深平底锅。

第一步

为制作星钟，你需要使用复印机或扫描仪、打印机。放大两倍复印这一页的下半部，或是将其以两倍的大小扫描并打印。要把星钟做得结实一些，最好使用厚一些的纸。剪下圆盘，一定要小心！

底盘

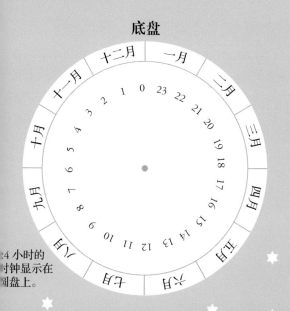

24小时的时钟显示在圆盘上。

顶盘

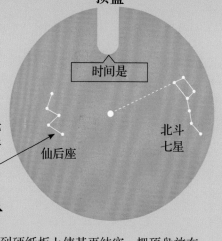

仙后座在北斗七星对面。因其呈 W 形状，很容易被看见。

第二步

将底盘粘到硬纸板上使其更结实。把顶盘放在底盘上面，打一个穿过两盘的孔，并用按扣将两个盘子固定在一起。

如何使用你的星钟

面对北方，并垂直地将星钟拿在面前。转动时钟，确保正确的月份是在顶部。保持底盘不动，旋转顶盘以使星座与你在夜空中可以看到的相符。从小开口中读出时间。

称重

人们总是在交易有价值的物品。事实上，在有人想到发明钱币的很久以前，人们就开始交易了。随着人类文明的繁荣和农民生产出更多的贸易货物，人们需要更好的方式来衡量价值。因此，他们想出了如何称物品的重量。

公平交易

如果你能计算你要交换的东西，则交易很容易。例如，你可以轻松地同意：1只羊，价值20只鸡。但是，如果你打算交易不可数的东西，如面粉、黄油或黄金时该怎么办？衡量你得到多少的最公平的方式是称称它的重量。早期的商人把东西放在手上比较重量，但后来他们发明了像跷跷板似的秤。古巴比伦人用特殊的石头作为标准重量。这些珍贵的石头被打磨和雕刻成动物形状。直至今日，有些人仍在用"石头"称自己。

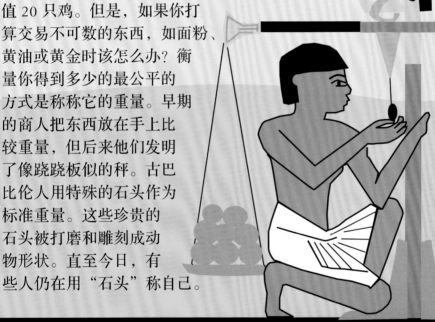

埃及人大约在5000年前就开始使用秤了。

我想用3个谢克尔银币买你50谢克尔的大麦。

你想用3个谢克尔，买50个谢克尔？走开！！！

制造钱币

巴比伦商人常常用大麦交换其他货物。他们把大麦称出小堆，称为谢克尔。1谢克尔约等于180粒。这是一种如此方便的支付方式，以至大麦谢克尔成为一种钱。但是，要买有价值的东西就需要大量的大麦，且商人们厌倦了运送沉重的装满大麦的麻袋。因此，他们开始携带小块的银子代替大麦。这些谢克尔银币的价值与整麻袋大麦差不多，成为世界上最早的硬币。一些现代货币开始时也是银质的。比如英镑起初就是一大块重量为整整1磅（0.45千克）的银子。

谢克尔银币

大麦种子　　　　小麦种子　　　　角豆树种子

用谷物衡量

　　种子，如大麦粒，用于像宝石、珍珠、黄金这样的微小、贵重物品的称重尤其方便。巴比伦人将大麦用于这一目的，但古希腊人用小麦，而阿拉伯人使用角豆树的种子。角豆树种子的重量成为现代重量单位"克拉"，至今仍用于钻石和宝石的称重。由于角豆树种子的重量不尽相同，现代克拉已经被精确地标准化为 0.2 克。

　　古罗马人还用克拉来衡量黄金纯度。他们的金币每枚正好是 24 粒角豆树种子的重量。所以那时 100% 的纯金被称为 24K 金。当黄金与其他金属混合成合金，其纯度减少。例如，75% 黄金和 25% 白银混合成的合金，被称为 18K 金。

新的称重方式

　　古希腊科学家阿基米德通过搞清如何衡量**密度**，又将称重学向前推进了一步。密度大的物体，如岩石或一块金属，尺寸虽小，重量却很大。古希腊国王交给阿基米德一个新王冠，问他是否能在不切开王冠的情况下，搞清楚这个王冠是 24K 金的还是更便宜的（密度更小的）黄金和白银的合金。当阿基米德坐进浴盆并看到水位上升时，突然获得了灵感。他意识到可以把王冠放进水中并用增加的水位测量其体积。然后，称一称王冠的重量再除以体积，计算出是否与纯金的密度一样。结果王冠不是纯金。王冠是赝品，金匠被判处死刑。

传说当他解决了国王的难题，阿基米德跳出浴盆，光着身子跑到大街上并高喊"尤里卡！（我找到答案了！）"。

　　与此同时，另一位名叫亚里士多德的古希腊科学家正在疑惑为什么重量会使东西坠落到地面。他认为沉重的东西有"重力"，而轻的东西，如蒸汽，有"浮力"。正如我们后面将要看到的，拉动物体坠落地面并给予它们重量的神秘而无形的重力，其实是非常重要的。

令人费解的重量

　　代数作为一门独立的数学分支学科，是基于保持平衡的概念，方程式的两边就像一杆秤的两边，总是相等。试想一杆秤的一边有 9 个球，而另一边有 3 个球和 2 个立方体。如果秤平衡，则形成一种方程式（$2c + 3b = 9b$）。你能否算出几个球的重量等于 1 个立方体？

有一种计算方式：
1. 从每一边拿走 3 个球。
　　秤杆仍然平衡。
2. 因此，2 个立方体必定等于 6 个球。
3. 两边除以 2。
4. 于是，1 个立方体等于 3 个球。

　　看看你是否可以自己解决下一个难题。你有一杆秤，若干水果，并且发现下列组合重量相等：

1 个橙子　　+　　1 个李子　　=　　1 个甜瓜

1 个橙子　　=　　1 个李子　　+　　1 根香蕉

2 个甜瓜　　　　　=　　　　　3 根香蕉

你能否算出几个李子等于 1 个橙子的重量？

头重之谜

　　怎样才能知道头的重量但不必把头砍下？
提示：人体的密度约等于水的密度。

答案在书后。

发现的时代

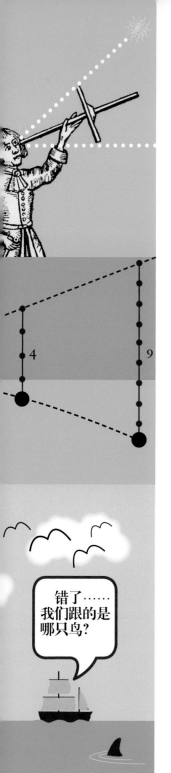

古埃及、古希腊和古罗马的**数学魔术师**在彼此的知识基础上，不断地加深对世界的了解。但是，当罗马帝国在大约公元400年崩溃时，欧洲开始衰退。在之后**近1000年的时间里，数学和科学几乎未取得任何进展**——我们现在称这一时期为黑暗时代。

然而在世界其他地方，发展仍在继续。在印度，印度教数学家发明了我们今天使用的**阿拉伯数字**。这一发明在阿拉伯世界不胫而走，商人们发现它能使计算更容易。

当印度人的算术传到欧洲，引发了一场被称为文艺复兴的革命。 科学研究迎来了又一个春天，由于科学家采用新数字体系研究神秘的重力和行星的运行，他们取得了一些惊人的发现。与此同时，商人们也越来越大胆地进行跨海航行，并绘制着地球未知角落的地图。

这是一个科学突破和大胆探索的伟大时代——**发现的时代**。

错了……我们跟的是哪只鸟？

地球围绕什么转？

古代世界的数学家弄清了地球是圆的，甚至测算出地球的大小。他们看见太阳和星星掠过看起来像是大圆弧的天空，自然会认为地球是一切的中心，"天体"都在围绕我们的世界运转。但结果是他们完全错了。地球不是中心，甚至行星也不是围绕地球运行。本页和下一页上的两位天才揭示了真相。

为什么一星期是七天？

你曾经想过为什么一星期有七天，而不是五天、十天或其他数目吗？原因是，古代世界的人类数出有七个运行方式不同于星星的天体，并用它们来命名日子。以下是它们的英文和法文名称：

Saturday (Samedi) 星期六	SATURN 土星
Sunday (Dimanche) 星期日	SUN 太阳
Monday (Lundi) 星期一	MOON 月亮
Tuesday (Mardi) 星期二	MARS 火星
Wednesday (Mercredi) 星期三	MERCURY 水星
Thursday (Jeudi) 星期四	JUPITER 木星
Friday (Vendredi) 星期五	VENUS 金星

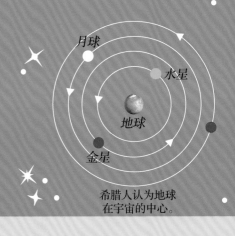

希腊人认为地球在宇宙的中心。

哥白尼

尼古拉·哥白尼
(1473—1543)

1507 年，波兰天文学家尼古拉·哥白尼取得惊人的发现。哥白尼发现，如果假设太阳，而不是地球，是太阳系的中心，则预测行星的位置要容易得多。但这意味着地球必然要围绕太阳运行，这是一个惊人的想法。更让人吃惊的是，这意味着太阳每天并没有真正掠过天空，而是地球围绕其旋转。哥白尼是完全正确的，但他的想法与上帝把地球创造成万物的中心这一宗教信念相抵触。为了避免惹怒教会，哥白尼直到临终之前，才在一本书中发表了他的理论。

开普勒

"我用哲学方法演示地球是圆的，且到处都有人居住；地球在星系中是非常渺小的。"

约翰尼斯·开普勒
（1571—1630）

哥白尼死后 28 年，天文学家约翰尼斯·开普勒在德国出生。哥白尼曾认为行星按圆周运转，但开普勒仔细观察了行星的运转，却得不出完全相符的圆周。因此，他不断地测试其他形状，直到他偶然发现了答案：椭圆。不像圆周只有一个中心，椭圆有两个（称为焦点），而且被证明太阳总是位于其中一个之上。开普勒还发现：当行星靠近太阳时运行得更快，仿佛被什么东西牵引着。正如我们在这本书的后面将要看到的，这将是有史以来极其伟大的科学发现的一个重要线索。

开普勒第一定律

行星不是按圆形轨道围绕太阳运转，而是按椭圆轨道运转。

行星
太阳

开普勒第二定律

当接近太阳时，行星运行得更快。行星与太阳的连线将在相同的时间里扫过相等的面积。

面积 A = 面积 B

A
B

以下是开普勒如何向没有数学天赋的人解释他的理论的……

玩儿这个把戏所需要的只是一个球、结实的硬纸板管及一根绳子（和强壮的手臂）。

1. 把一个球拴在一根细绳上，并将绳穿过一个硬纸板做成的管子。

2. 一只手拿稳管子，另一只手拿绳。来回拉绳子，使球紧绕圆圈旋转。

3. 当球位于上部弧线时，拉紧绳子使它短一些。当球位于下部弧线时，再把绳子放长一些。球将按椭圆轨迹运转。

解释

当你收紧绳子，你会感到球速加快且绳子的拉力增强。当行星接近太阳时，它以相同的方式加快速度。开普勒认为，太阳和行星之间肯定存在着某种程度的"磁性"拉力，但到底是什么呢？这一难题后来被英国科学家艾萨克·牛顿解决。

伟大的伽利略

　　大约与开普勒生活在同一时期，一位名叫伽利略的意大利科学家发现了一个即将永远改变世界的科学规律，伽利略或许是世界上第一位真正的科学家，他在理论形成后认真进行实验，以了解是否能在实践中应用。

摆动时间

1581 年的一天，17 岁的伽利略在教堂感觉无聊，他开始看着一盏灯在微风中摆动。出于好奇，他用自己的脉搏当作秒表（当时手表还没有发明）记录了每摆动一下所用的时间。不管灯摆动多远，每摆动一下所用的时间完全相同。着迷于这一发现，伽利略在家里做了一个摆，并试着延长绳子，看是否改变了摆动时间。绳子长度不同，所用时间确实不同，且出现惊人的数学模式。要使摆动 2 倍于这一时间，绳子就必须长 4 倍。要 3 倍于这一时间，绳子就必须长 9 倍。这是一种简单的平方数。

"宇宙万物是用**数学语言**写成的。"

伽利略
(1564—1642)

1

1 秒钟
(1 × 1 = 1)

4

2 秒钟
(2 × 2 = 4)

9

3 秒钟
(3 × 3 = 9)

摆长按时间的平方数的比例增加。

老式的地座钟钟摆仍很准。

嘀嗒、嘀嗒……

伽利略发现，钟摆可以用来保持近乎完美的时间。比任何日晷或水钟都要好得多。在他的晚年，伽利略甚至设计了一个由钟摆控制的时钟，但直到他逝世以后才制作出来。在此后的 300 年，由钟摆或类似的机械装置控制的钟和表是世界上最好的计时装置。

在伽利略之前，人们认为物体越重其坠落的速度越快。但伽利略发现，摆头上"摆锤"的重量，与摆动所需的时间无关。他试着将不同重量的物体从高空（也许从比萨斜塔上）同时投下，看看较重物体是否先落到地面上。结果它们在同一瞬间撞到地面，所以重量没有造成任何差别。这又是一个惊人的发现！

滚动、滚动、滚动

伽利略发现，他投下的重物坠落速度越来越快——它们在加速。这一现象再次引起他的好奇。为测量加速度，他通过让小球滚下斜坡来"缓释"坠落。他没有秒表给它们计时，所以他在斜坡上放置了竖琴琴弦，以便他能听到球滚动时的冲撞声。然后，他把琴弦留出间隔，以便冲撞形成有规律的节奏。他测量了琴弦的间距，并发现了曾在钟摆中见到的形式相同的平方数。

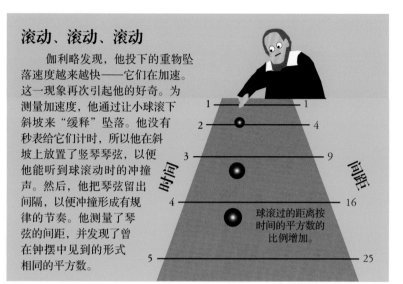

球滚过的距离按时间的平方数的比例增加。

战争中的数学　伽利略意识到，可以利用平方数计算出精确的弹道轨迹。炮弹以匀速水平飞行，但从发射线上以加速度降落。就像从高处落下的球，按时间的平方数的比例加速落到地面上。多亏了伽利略，士兵现在可以计算出炮弹的轨迹并命中视线之外的目标。城墙不再是有效的防线，已成为过时的东西。

炮弹从一条直线落下的距离按时间的平方数的比例增加。其结果是形成一个弧形的轨迹，称为抛物线。

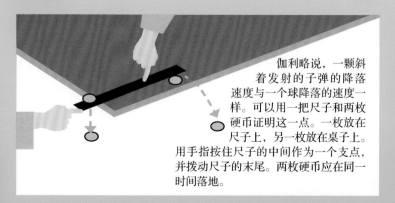

伽利略说，一颗斜着发射的子弹的降落速度与一个球降落的速度一样。可以用一把尺子和两枚硬币证明这一点。一枚放在尺子上，另一枚放在桌子上。用手指按住尺子的中间作为一个支点，并拨动尺子的末尾。两枚硬币应在同一时间落地。

小心你的头！

重力

伽利略发现了炮弹如何在空气中按抛物线运动。开普勒发现了行星按椭圆轨迹绕太阳运行。但两位都没有意识到它们之间的联系。伽利略逝世的第二年（1643年），艾萨克·牛顿出生，他把这些现象联系起来，并得出问题的答案——他称之为"重力"。

"如果说我比别人看得更远些，只不过是因为我站在巨人的肩膀上。"

牛顿的苹果

1666 年，为躲避席卷整个英国的致命瘟疫，艾萨克·牛顿逃出伦敦，来到他母亲的农场居住。看着苹果从树上掉下，牛顿对于将苹果拉到地面的力量是否也能拉动月球感到疑惑。如果是这样的话，为什么月球没有落到地上，而是无休止地在其轨道上环绕地球运行？他觉得很奇怪。

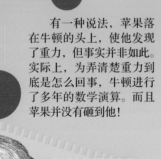

有一种说法，苹果落在牛顿的头上，使他发现了重力，但事实并非如此。实际上，为弄清楚重力到底是怎么回事，牛顿进行了多年的数学演算。而且苹果并没有砸到他！

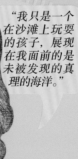

"我只是一个在沙滩上玩耍的孩子，展现在我面前的是未被发现的真理的海洋。"

太阳系的时钟
发条模型

艾萨克·牛顿
(1643—1727)

牛顿认为，随着由简单的数学规律控制的行星运动，宇宙像时钟的发条一样运转。

重力的作用

伽利略发现炮弹由于自身重量的作用，使其偏离直线按抛物线落回地面。令牛顿感到疑惑的是，如果炮弹的速度非常快，以至于其抛物线轨迹比地球的曲率更平缓会怎么样。物体将不停地降落但不会落地——它将环绕地球轨道运行。随着一个天才的奇想，牛顿意识到，这正是月球所做的，一直降落但从不着陆。受地球地心引力的吸引，它不断地降落而没有更接近地球。它就像伽利略的炮弹，只不过是在一个庞大的范围里。

整个宇宙

牛顿的下一个顿悟，是意识到出于同样的原因，太阳的万有引力迫使行星在其轨道上围绕太阳运行。他意识到所有物体彼此之间都会施加重力，其强度与它们的整体质量成比例。太阳是如此巨大，以至于吸引所有行星围绕其运转。牛顿现在有足够的线索弄清楚行星为什么像开普勒发现的那样按椭圆形轨道运行。重力会随距离减弱，造成行星离得远时速度放慢，离得近时速度加快（就像第43页的球和绳子）。

牛顿的优点······

······以及他的缺点······

毫无疑问，牛顿是一位天才。他有关重力的著作，确定了三个"运动定律"，描述了从原子到行星，力是如何控制宇宙中一切物体的运动。但牛顿脾气很坏，令人讨厌而且非常古怪······

- 他非常聪明且工作勤奋。
- 他发现了行星如何和为什么围绕太阳运转，解开了世纪之谜。
- 他创建了物理学，并弄清了其最重要的法则。
- 他发明了完整全新的数学分支，现在称为微积分。
- 他解释了动量和惯性。
- 他发现白光是不同颜色光的混合。
- 他发明了反射式望远镜。
- 他发明了铣成边硬币。
- 他发明了猫洞。

- 他讨厌其他人且独自工作。
- 他容易树敌且怀恨在心。
- 他浪费了很多时间试图找到一种黄金的配方（这是不可能的）。
- 他用《圣经》计算出上帝在公元前3500年创造了世界。
- 他审查他的巨著《原理》，删除了一切涉及他非常憎恨的科学家罗伯特·胡克的内容。
- 他曾经告诉他的母亲和继父，他要烧毁他们的房子，并杀死他们。

牛顿用羽毛笔和墨水在一本巨大的、书名为《原理》（如这里所示）的手写书中写出了他的理论。他把书写得能多复杂就多复杂——只是为了使其难懂。

究竟在哪里？

直到中世纪，大多数人很少前往任何遥远的地方旅行。只有军队和商人会有离家数千米的远行。地图极其罕见，取而代之的是旅行者使用手写的旅行指南，或是借由沿途的河流、山脉和城镇等地标记住旅行路线。

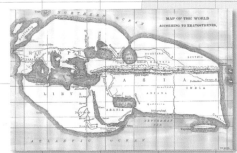

埃拉托色尼的地图集中于已知的世界，但北半球和南半球的陆地细节则是有限的。

人人有了地图？

在你打算去什么地方之前，你需要知道从哪里出发。在算出地球究竟有多大之后，希腊天文学家埃拉托色尼试图用一系列水平线和垂直线绘制出一张平面地图，这些线称为纬线和经线。通过把这些线做成坐标方格，可以标出已知的地标和海岸线。虽然希腊人可以很好地计算出纬度，但计算经度则更难，而且他的地图仅是在地中海地区能用，但在地球的其余地区则不灵。

赤道的纬度为0°，它环绕地球且与南极和北极的距离相等。

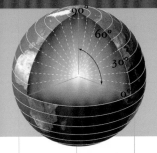

纬线，表明你在地图上往北或往南有多远。它们是与赤道平行的水平线。因为纬度是以赤道向上或向下的角度衡量的，它们从0°增加到在每一极地的90°。在地图上，纬度通常标示为北纬或南纬，例如，北纬30°，或是正、负度数，这取决于它们是在赤道之上或之下（–30°与南纬30°是一样的）。

纬度

找到你的纬度……

北极星

正如我们前面看到的，通过测算北极星的高度，可以找到你的纬度。将手放在手臂能伸到的地方，使手指与地平线持平。每四根手指的宽度约等于15°，那么通过数到达北极星要有多少根手指，就能算出你的纬度。在南半球，可以使用南极星作为极星。

星盘

古希腊和古阿拉伯的航海家及天文学家用一种称为星盘的装置测算纬度。这个星盘由一个标有日历、天体图和边缘有刻度或时间的盘子组成。一个可动的标有重要恒星及太阳一年轨迹的盘子安装在顶部。如果你已经知道你的位置，通过用指针将地平线与太阳或某一恒星连成一线，就可以计算出你的纬度或读出日期和时间。

经度

经线量出你是在地图左边或右边多远的地方。它们从北极到南极垂直地移动。由于赤道是一个圆周，我们可以将地球划分成360条经线。它们从贯穿伦敦的本初子午线（0°）开始算起。经度是以这条线的东（正）或西（负）来衡量的。向东或向西的最大度数是180°。

……但很难找到你的经度

这次我发现了一个更好的办法。希望有人能发明一种像样的时钟。

早期编辑出一系列地点及它们的经度和纬度的人中，有一位名叫托勒密的罗马数学家。要计算出经度，必须能够准确地测算时间——如果没有合适的时钟，是相当棘手的。托勒密干得不错，但经度的问题用了1700年才得以解决。

亚历山大的托勒密（90—168）

坐标

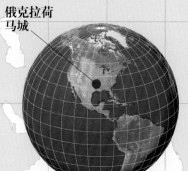

俄克拉荷马城

地图绘制者和航海家使用经度和纬度标出地面上的地点。这些成对的数字被称为坐标。这是把希腊天文学家希巴克斯绘制恒星的位置图时所使用的方法应用于地面。首先，你从赤道向上或向下找到你所在的纬度。然后，从本初子午线向西或向东找到你所在的经度。经线和纬线的交叉点就是你所在的位置。俄克拉荷马城的坐标被标为35° N，97° W（北纬35°，西经97°）。

往哪个方向去？

罗盘

北 西 东 南

没有人知道东、西、南、北的概念从何而来。早期人类认识到，太阳从我们现在所说的东边升起，并在对面（西边）落下，在两边的中间（南边）通过其最高点。通过判断一天当中任何时候太阳的位置，以及是迎着还是背离太阳，旅行者能相当准确地判断出自己的方位。

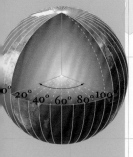

东与西的交汇点位于太平洋，被称为国际日期变更线。朝一个方向走是昨天，朝另一个方向你会发现自己是在明天。谁说你不能在时间中旅行？

干罗盘

平衡环

罗盘

当11世纪中国人发明出第一个罗盘时，认路变得容易多了。他们发现，如果用磁石轻轻触碰铁针并将其浮于一碗水上，铁针将与南北方向成一线。这在水平表面上行之有效，但不能在海上使用。大约在1300年，欧洲发明了一种"干"指南针。这是一根平衡在一个支点上的针，被一套称为平衡环的旋转支撑保持水平。针能独立地运动，可以显示你想去的方向。

茫茫大海

在海上寻找出路是一件棘手的事。 最早期的航海者总是在看得见海岸的水域航行，在那里他们可以选择出海港、河口、海湾和海岬。然而，紧靠海岸走，对一个简单的旅程来说，要增加好几个星期，而且可能将你带入敌对水域。有时，你不得不朝海上行进且只凭太阳和星星的指引寻找方向。

> 今天海浪太大了，无法准确读取星盘。

大胆地航行

航海者启航时，会装备好星盘及太阳和恒星的位置图，以帮助他们找到自己的纬度。一旦到达正确的纬度，他们就会向东或向西航行以到达目的地，但总是有点碰运气。

> 船长，我们已经到达了正确的纬度——接下来往左还是往右？

试图在远海晃动的船甲板上测量角度是困难的，仅仅几度的误差可能意味着完全错过登岸。另一个问题是多云天气，看不到太阳或星星。虽然使用指南针寻找方向一定程度上解决了这些问题，但航海者仍然需要偶尔晴朗的天空来核对他们的纬度。

这张航海图显示了非洲西北部海岸。葡萄牙人是第一个到非洲最南端寻找黄金的人。

波多兰航海图

使用指南针在海洋航行史上产生了巨大的变化。到了13世纪末，航海者已经开始使用罗盘方位角和纬度测量绘制欧洲周围的海岸线。这些"波多兰"航海图纵横交错，连接着海岸周围的港口和风景名胜。如果将指南针指向正确的方位并沿着这个方向行进，你将到达目的地。

登陆，我的伙计们！

贸易工具

已经不远了吗？

即使是在按正确的方向行进，仍需用"航位推测法"计算出你的位置。为此，航海者需要知道他们的速度及启航后已经过去了多长时间。时间可使用日晷、星盘或不太准确的沙漏来衡量。速度使用拖板计程仪（见右图所示）或将木桶抛出船首并测定其用了多长时间通过船尾来衡量。速度乘以时间即是行驶的距离。将行驶航线的详细资料及船每天行驶了多远都记入航海日志。然而，强大的海流和风力会造成误差。

> 我认为日晷慢了——我们现在应该在热那亚。

跟着那只鸟！

乌鸦有时被航海者用来作为一种导航工具。天气恶劣时，它们被放出笼子飞到桅杆上（乌鸦的巢），领头的乌鸦将直接把船引向最近的陆地。

拖板计程仪

拖板计程仪是一块 1/4 圆形的木板系在一根按 14.4 米间隔打结的绳子上。将其抛到船尾，航海者计算在给定的时间内（28 秒）有多少结点离开船体。由此，航海者可以估算出以"结"表示的船速，或是每小时多少海里。

海洋星盘

海洋星盘是一个较重版本的星盘，带有镂空以阻止其鼓风。它有一个旋转指针，用来测量太阳或某一恒星的高度。航海者转动指针，直到太阳的光芒穿过镂空的两端，或是能看到星星。然后，航海者根据星盘边缘上的刻度，读出指针的角度。这一角度可以在天文表中查出。

象限仪

象限仪是木质或黄铜制的 1/4 圆，沿弧形边缘标有 90° 的刻度。一个铅锤悬挂在仪器的中心。用顶部边缘对准某颗恒星，则地平线以上恒星的角度由铅锤与刻度的交叉点测得。

直角器

直角器是一节有刻度的木棍，另一节较短的木棍与其安装成直角，称为横梁，且可以上下滑动。将直角器支撑在面颊骨上，航海者移动横梁直到一端在地平线上，而另一端在太阳或星星上。然后可以在刻度上读出他所在的纬度。

竿式投影仪

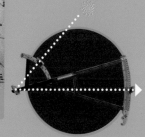

竿式投影仪是一种类似的仪器，但航海者无须看太阳，避免损害眼睛。航海者移动小圆弧上的木滑块，直到它的影子穿过水平瞄准板的切口。然后，对准大圆弧上的可移动切口看到地平线，于是用大、小圆弧上的刻度就能计算出纬度。

经度

几个世纪以来，海上航行的最大问题是找到你所在的经度。要做到这一点，需要知道两件事：你所在位置的时间，以及现在的格林尼治时间。

地球每 24 小时以其轴线为中心转动 360°，这意味着每向东行驶 15°，你的当地时间早 1 小时（如果向西则晚 1 小时）。可以用这个时间差计算出你的经度。例如，如果你知道此时伦敦是中午 12 点，而你的表是早晨 7 点，你肯定是在伦敦以西 5 个小时。用 5 乘以 15，得出经度是 75°——所以你在贯穿纽约那条线上的某处。

中午 12 点

早晨 7 点

> 我们在哪里？？？

> 不知道！

> 你能看见月亮吗？

> 是到了解决这个问题的时候了！

直到 17 世纪中叶，还是没有办法在海上准确测算时间，所以计算向东或向西航行了多远是非常困难的。几个探险家和数学家提出了用观测**月亮和行星的方法测量时间。但这些方法有其局限性**——不可能在白天或多云的晚上使用，且预测月球轨道需要长时间的计算。1530 年，荷兰制图师杰玛·弗里修斯建议使用时钟找到经度。出发时设置好时间，然后与从星盘读出的当地时间比较。虽然这个原理是正确的，但这一时期的摆钟在颠簸的海上远航时总是变慢。

> 我认为这个能获得成功——请把钱给我！

哈里森解决了时钟问题

1714 年，英国政府提议为设计出一套可靠的确定海上经度方法的第一人颁发 20000 英镑的奖金。约翰·哈里森，一个木匠、钟表匠，接受了这一挑战。1735 年，他制作出一个钟表，称为 H1。这只钟表使用了一对摇杆，而不是钟摆走时。虽然在测试中走时准确，但哈里森并不满意，在想出一个类似怀表的设计方案之前，哈里森又制作了两个钟表——H2 和 H3，使用了震荡摆轮走时。他加上了宝石作为轴承，并于 1759 年作为 H4 将其提交。在 1761 年驶往牙买加的 81 天的海上测试中，H4 只慢了 5 秒，完全满足赢得奖金的条件。尽管他成功了，但直到 1773 年哈里森才得到奖金。

H4

不论你站在地球的什么地方，月亮与某一恒星之间的角度在同一时刻总是相同的。尽管必须做一些额外的计算，以便使月亮比星星更接近地球，但这一现象对计算时间差有用。

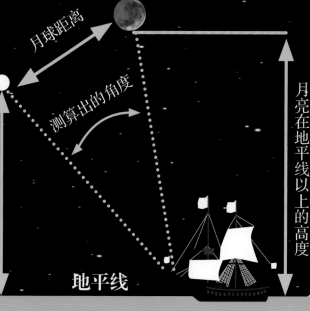

月球距离

测算出的角度

临近恒星在地平线以上的高度

月亮在地平线以上的高度

我认为它在这一页上……啊哈！我看到了！

好棒，我们发现了……有谁知道这个地方的名字？

地平线

月球距离法

经过了 100 多年，准确的时钟对航海者来说才不算太昂贵。与此同时，航海者最常用的，是月球与 9 个主要星体之间的距离和这些距离在伦敦格林尼治相应的时间对照表。航海者测量月球与一颗临近恒星之间的角度并计算出相应的月球距离，然后查阅对照表找出伦敦时间。用恒星的高度计算出所在位置时间后，航海者将其与伦敦时间比较，从而计算出他们的经度。

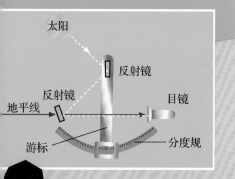

太阳

反射镜

反射镜

地平线

目镜

游标

分度规

詹姆斯·库克船长是一位伟大的航海家。他是第一个从两个方向围绕世界航行的人，发现了澳大利亚、新西兰、南极洲及许多太平洋岛屿。他用航位推测法、六分仪及指南针绘制了他的第一个航程。在第二次和第三次航行时，他使用了哈里森的 H4 时钟，这样可以更准确地计算出他的经度，从而更详细地绘制出他的旅程和所发现陆地的地图。

詹姆斯·库克
（1728—1779）

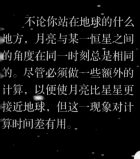

六分仪 由约翰·坎贝尔于 1757 年发明。六分仪与象限仪相似，但使用反射镜使来自天体的光与地平线重合。沿着刻有度数的圆弧滑动游标，使来自天体的光与地平线成一线，显示出天体的角度。六分仪可以用来准确地计算经度和纬度，且具有不必直视太阳的优势。

测绘地球

绘制地图需要数学。最难的部分是把球形的地球变成一个平面地图。正因为如此，所有的地图都有问题，但也有很多方法可以得到你需要的视图。

> 我可能犯了一个错误……

克劳迪亚斯·托勒玫
（约 90—168）

不在地图上

罗马数学家托勒玫编制了一份经度和纬度的清单，并把它们变成了一张地图。然而，他的地图是错误的——他以为地球要小得多，这使得所有的坐标都不正确。许多航海者知道地图是错误的，但即使纠正了数字他们也不愿向西航行，因为他们知道，他们的供给会在再次登岸之前耗尽。

> 那个大陆是从哪儿来的？地图上没有！

尽管知道托勒玫的数字可能是错误的，1492 年，克里斯托弗·哥伦布还是向西航行，去寻找更便捷的通往东印度财富的路线。不过，如果他知道从加那利群岛到日本的距离是 19600 千米，而不是他所计算的 3700 千米，他也许永远不会离开港口。而且也不会知道美洲大陆位于他与东印度之间。

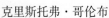

克里斯托弗·哥伦布

从球形到平面

那么，如何才能画一幅地球的地图？幸亏希腊数学家阿基米德发现——一个球的表面积等于能把它围起来的末端开口的圆筒的面积。你可以用此想法绘制一幅地图。通过绘制从地球中心到地球的每一个点，你可以在圆柱体上绘制出相应的点。如果你打开圆柱体，你就会得到一张长方形的地图。

赫拉尔杜斯·墨卡托，弗拉芒地图和地球仪的制造者，于 1596 年使用圆筒技术绘制了世界地图。这种"映射图"存在一些问题，将大陆向东西和南北方向延伸。纬线的间距增加了往南或往北的程度，衡量两极附近的距离变得很难——其实用此方法无法绘制两极的地图。此外，它也没有给出陆地面积的真实概念：格陵兰岛和南极洲看上去都比它们的实际面积大得多，且被延伸成奇怪的形状。

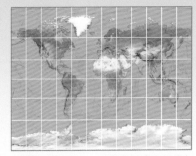

在墨卡托地图上，所有的经线和纬线都为直线。

墨卡托地图被证明对航海领航员是非常有用的，因为这意味着他们可以用直线绘制他们的航线。他们过去经常根据罗盘方向航行，直到他们能准确地测算经度。虽然在平面地图上直线看起来是最短的距离，但在地球仪上两个遥远地点之间的最短行程取决于所谓的大圆。

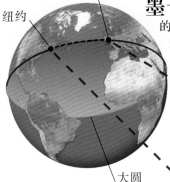

伦敦
纽约
你确信我们不会掉下去吗？
大圆

大圆

大圆将地球分为相等的两半。任何两地之间的最短路径总是沿着连接它们的大圆。在墨卡托地图上，伦敦和纽约之间的最短距离看起来像一条直线，但飞机通常是按大圆航线越过爱尔兰上空向西北方向飞行，经过格陵兰岛南部，然后穿过加拿大降落。

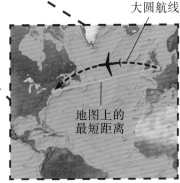

大圆航线

地图上的最短距离

不同的映射

由于墨卡托地图扭曲了许多国家的形状和大小，地图绘制者想出了许多不同的映射，以适应地图使用者的需要。

中断的地图将地球切成称为瓣的截面。这些瓣保持了地球表面的面积和形状，但如果切片太多，则很难查看。

方位图是圆形的，是从地球表面的一个点（常常是从某一极地）绘制的。自希巴克斯时代以来，也被用来做星图。

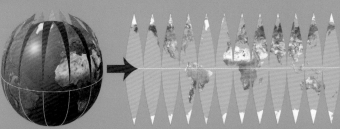

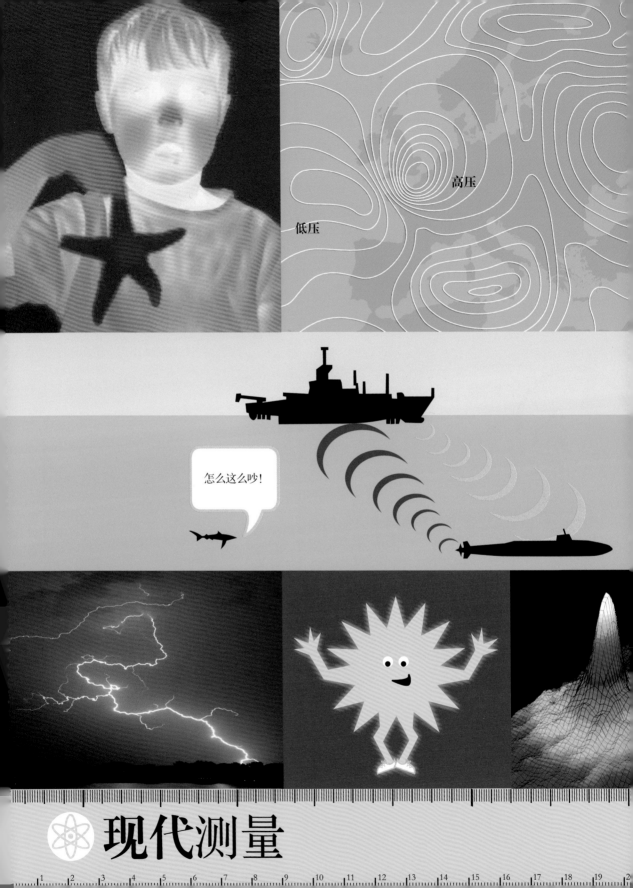

我可能是一个慢性子，但我比电子快！

对于看得见、摸得着的东西，测算其大小和形状很容易。但是，对于甚至连看都看不见的东西，如热量或声音，如何测算呢？而且对于**大得**或*小得*无法想象的东西，如原子或星系，又怎样测算呢？

上文说到的**伽利略**和**牛顿**的辉煌发现，标志着科学时代的开始。**他们是最早的真正的近代科学家**，不仅仅满足于构思理论，而是坚定地用一丝不苟的**实验和测算**验证理论设想。

更多的科学家紧随其后。他们制作了强大的显微镜和望远镜进一步探索未知。**他们发明了探测和测算热、光、压力、声音的装置。**他们还发现了**电流、原子**及无时无处不在但始终看不见的令人惊奇的新能源。**这是一场革命，并永远改变了世界。没有数学，任何一项都不会成为可能。**

这就是科学，且科学就是测算。

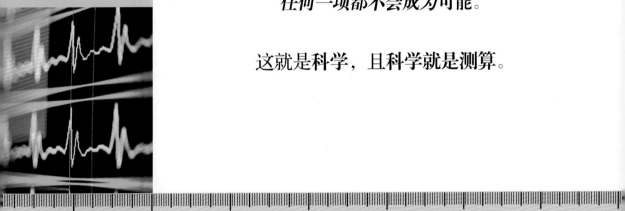

热 和 冷

10^{56} K
宇宙大爆炸温度

5.5×10^{12} K
实验室达到的最热温度

22000K
位于猎户座的参宿星

6000K
地球中心的温度

5800K
太阳表面的温度

380K
月球面朝太阳时的表面温度

373K
水沸腾

330K
地球达到的最热温度

310K
人类的平均体温

冰是冷的，火是热的。 仅仅靠近它们，我们就能感觉得到。但如何衡量某物有多冷或多热？**答案是测量出它的温度。**

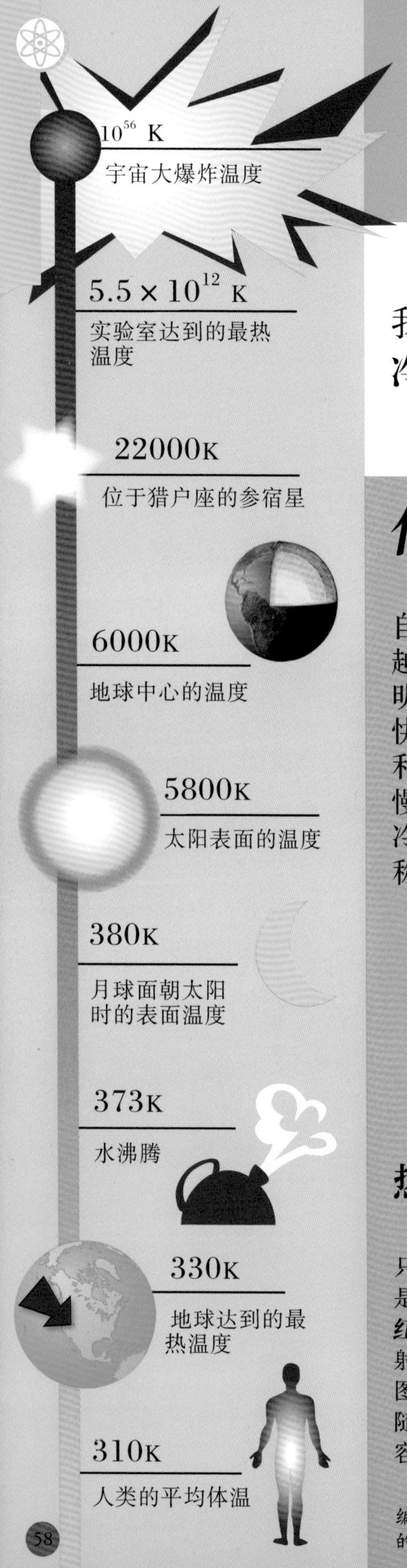

什么是热？

热是一种能量形式，来自原子和分子的运动。运动越快就越热，物体的温度表明其原子或分子的运动有多快。冷是缺少能量——原子和分子的运动不是很快。当慢下来时，它们变得越来越冷，最终完全停止。我们称这种温度为绝对零度。

> 我觉得这个海星有点儿凉。

热图像

任何物体都有温度，但只用肉眼观察很难看出某物是冷还是热。热像仪可以捕捉**肉眼看不见的红外线辐射**，即热物体散发出的热能射线，使之成为一张我们可以观看的图片。因为物体散发出的红外线数量随温度升高而增多，在冷背景下，很容易看到温暖的物体。

编者注："K"是国际温标单位开尔文的简称符号。

在这张图片里，最热的区域是*白色的*，而最冷的区域是*紫色的*。医生使用这类图片寻找肿瘤，因为肿瘤部位比身体其他部位更热。消防队员也利用红外摄像机在充满烟雾的建筑物里寻找幸存者。

温度计

我们用一种称为温度计的器具测量某物的温度。最简单的温度计是装有酒精或水银的玻璃管，温度升高时液体膨胀，温度下降时液体收缩。随着温度上升或下降，液体在玻璃管里向上或向下移动。这样就可以沿温度计一侧的度数读取温度。

温标

直到 1742 年，每一个温度计发明者都使用自己的度数。如今，我们只用由丹尼尔·华氏、安德斯·摄氏及开尔文勋爵设计的三种度数。要将摄氏度转换到华氏度，需要将温度乘以 2，减去 1/10，然后加 32。

摄氏使用的度数是基于水的冰点和沸点之间的 100 个单位或度。开尔文类似，但从绝对零度或 –273°C 开始。华氏更不寻常。冰点设在 32°F，因为冰和盐的混合被用作 0°F。沸点（212°F）是后加上的，高于冰点 180°F。华氏体温是 98.6°F。

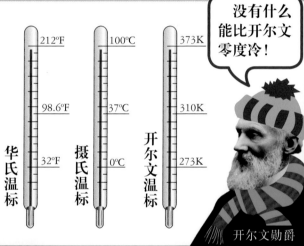

华氏温标 212°F 98.6°F 32°F

摄氏温标 100°C 37°C 0°C

开尔文温标 373K 310K 273K

> 没有什么能比开尔文零度冷！

开尔文勋爵

烫得无法触摸

恒星是宇宙中最热的东西，但它们太遥远，无法用温度计测量。相反，天文学家观察它们所产生的光。当物体变热时原子发出不同颜色的光。通过观察产生什么颜色的光，天文学家就可以计算出恒星有多热。

40000K	18000K	10000K	7000K	5500K	4000K	3000K

可以达到多低？

绝对零度是不可能达到的，即使是在外太空。但科学家在实验室已成功地非常接近绝对零度。当物体达到这样冷的温度时，有趣的事情发生了——数百万个原子的云团开始表现为一个超级原子，且形成一种奇怪的物态，称为 Bose-Einstein（玻色 - 爱因斯坦）凝聚态。这些液体非常不可思议，甚至可以爬上容器壁。

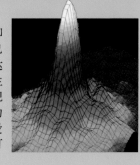

这个图显示了一团铷原子（红色）如何变冷并聚到一起，直到它们接近绝对零度时在白色区域顶端挤成一滴。

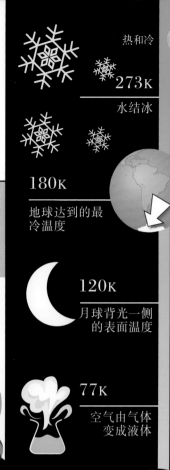

热和冷

273K
水结冰

180K
地球达到的最冷温度

120K
月球背光一侧的表面温度

77K
空气由气体变成液体

45K
冥王星的表面温度

3K
太空的温度

1K
飞镖星云

0K
绝对零度

测量能量

我们周围发生的一切都是能量产生的。能量发生作用时并不会消失——只不过是从一种形式变成另一种形式。我们不一定总能觉察到这些变化，但热、光、声音和运动都是能量正在发生作用的证明。

牛顿

牛顿，以艾萨克·牛顿命名，实际上是力的单位，但需要用它来解释焦耳——能量的单位。力只不过是推或拉。1个小苹果坠落时所受的重力大约是1牛顿（1 N）。

哎哟！挨了1牛顿！

焦耳

1焦耳（J）是将具有1 N的力（如苹果）的东西举起1米所需要的能量。这也是同样的苹果坠落1米到地面所释放的能量。即使是坐着，你仍然能每秒释放100 J的热能。

是吗？

詹姆斯·普雷斯科特·焦

① 太阳每秒发出 3.86×10^{26} 焦耳的热量。

② 太阳能辐射大气层的总量为 1.74×10^{17} 瓦。

③ 其中，8.9×10^{16} 瓦被陆地和海洋吸收。

④ 其余的被反射回太空。

每天都有巨大数量的太阳能辐射地球。卫星技术显示，实际上只有大约一半的太阳能量辐射到地面。其余的被直接反射回太空。不过，我们仍然接收到巨量的无偿能量。每小时到达地球的能量大约为人类一年所消耗能量的总额。

多少功率？

1 瓦
蜂鸟飞行

30 瓦
CD 播放机

80 瓦
人在阅读

300 瓦
食物搅拌机

380 瓦
人走路

能量与功率

功率是产生或消耗能量的比率。轻便摩托车和巨型卡车的油箱可能储存了相同数量的能量，但比起轻便摩托车，卡车消耗能量更快，因此更强有力。功率的计量单位是瓦特和马力。

能量是使事物发生变化的东西，例如，冰变为水时。

瓦特

瓦特，是以苏格兰发明家詹姆斯·瓦特的名字命名的，是功率的单位，而不是能量单位。1 瓦特（W）等于每秒 1 焦耳的能量。例如，一只 100 瓦的电灯泡，就像一个人，每秒消耗 100 焦耳的能量。

一个强大的想法！

马力

马力，是詹姆斯·瓦特在瓦特被用作计量单位之前，用来计量蒸汽机功率的老单位。瓦特使用它是基于 1 匹马的拉力，但他计算错了——马通常拉不动 1 马力。

1 马力 = 735 瓦

（或 746 瓦的非公制马力）

体能

每天，我们通过进食获取能量。食物充满了我们用大卡（千卡）计量的能量，苹果含有 55 千卡，相当于 230000 焦耳。这一数量的能量能使 100 瓦的灯泡点亮大约半小时。一个活泼、健康的 10 岁孩子，一天大约消耗 2000 千卡或 830 万焦耳的能量。

消耗能量

我们每时每刻都在消耗能量，但如何才能有效率地消耗能量？坐轿车上学可能更舒适，但比走路或骑自行车更耗能。这里是行走 1 千米到学校要消耗多少千卡的能量：

骑自行车
步行
跑步
5 人乘车
1 人乘车

学校

以千卡为单位表示的运送 1 人 1 千米所消耗的能量

745 瓦
人跑步

3000 瓦
割草机

468000 瓦
赛车

450 万瓦
火车发动机

110 亿瓦
航天飞机起飞

7000 万兆瓦
2004 年印度尼西亚地震

电

当打开开关时，它是一种无形的能量，但也是致命的。我们必须知道如何测量和控制电流才能很好地利用它。使用不当可能会遭到电击！

电是从哪里来的？

电流来自电子，一种带电荷围绕原子高速运动的微小粒子。通常情况下，它们被巨大的力量束缚在它们的原子里。但有时，它们会带着它们的电荷移至另一原子。当电子聚集在一起，就会产生我们所说的静态的电或简称"静电"（单位为库仑）。当电子自由移动时，形成定向的电流（单位为安培），我们通常称为"电流"。

放电！

当静电积聚，就很有可能做出点什么，比如使你受到电击。我们把这种潜在的能量称为"电压"（单位为伏特）。具有许多电势的东西（比如雷雨云）与毫无电势的东西（比如地面）连接，就像打开堤坝。在突然形成的电流中，静电荷在原子和原子之间高速运动。一道闪电就像一个突然打开的电子堤坝，从云层全部倾泻到地面。

测量电流

电子是如此惊人的小，以至于实际大小视为零。这意味着大量的电子能装入一根电线。事实上，620万兆个电子仅能产生区区1库仑的电荷。就是这么多：

$$6\ 200\ 000\ 000\ 000\ 000\ 000\ 000\ 个电子$$

1安培电流（也是一个微不足道的数额）就是所有620万兆个电子1秒钟通过电线的某一点所得到的电量。

测量电压

电子比较懒惰，需要撞击才能让它们移动。推动它们需要能量——必须提供类似电池那样的能量。电池的电压越大，推动的电子就越多，从而产生的电流就越大，因而提供的能量就越多。很容易测量一束电子每秒通过电路能输送多少能量：就是用电压乘以电流，以瓦特为单位。更简单的表示就是：

$$瓦特 = 伏特 \times 安培。$$

电子

电击！

闪电是平常你所能见到的最大、最壮观的电荷释放。一道闪电输送差不多 10 万安培的电流（如同 1 万个电烤面包机同时开通加热）。最小的闪电细得像铅笔芯；最大的闪电粗得像人的胳膊。闪电将空气加热到 28000°C（50400°F），使其极度膨胀激增，导致我们听到雷一样的巨响。

使用这些家用产品需要多大功率？

8 瓦　　60 瓦　　75 瓦　　150 瓦　　300 瓦　　500 瓦　　800 瓦　　1500 瓦　　2000 瓦

电器设备每秒所消耗的能量是其功率，单位为瓦特。用它的额定功率乘以使用的时间长度，就能知道它所消耗的总能量。因此，一个功率为 300 瓦的计算机，运行 10 小时消耗 3000 瓦小时或 3 千瓦小时（千瓦时）的能量。电力公司以你使用了多少千瓦时收费。

电表显示已使用的电量，促使你省钱。

令人震惊的东西

法国神父让·安东尼·诺莱（1700—1770）为法国国王将静电变成电流，因此在历史上留下了一席之地。首先，他在一个叫作莱顿瓶的玻璃金属电池里存储了巨额数量的电荷。然后，他让 180 名士兵手拉手站成一排，并让排在末尾的人触摸瓶子。电击！随着一道快速的横向闪电，所有的士兵受到一小股电击，同时在空中一跃，这很大程度上是为了国王的娱乐。诺莱后来让 700 名修道士排成 1 千米长重复了这个实验。

通电的速度有多快？

如果电灯在半秒钟内点亮，但最近的电站有 100 千米远，那么电子一定是以惊人的 720000 千米 / 时的速度通过电缆射入你家，对不对？错。立即通电并不是因为电子沿电线高速移动，而是因为它们互相碰撞，一路将电荷从电站传送到你家。电子本身以蜗牛速度的 1/10 沿电线漂移。

我可能很慢，但我会比电子更快到达那里。

电路是一个能通电的封闭回路。

光的故事

光是由波传导的一种能量形式。因为有光，我们可以看见东西。但是，还有比我们所看见的更多的光——那些以我们看不见的其他形式存在的光。我们将所有这些类型的光称为电磁辐射。光的波长、频率、能量和颜色可以用来测量各种事情。

波长

无线电波

光以恒定的速度传播，但并非所有光波具有相同的能量。能量低的波长长；能量高的波长短。

微波

红外线

每秒通过的波的数量称为频率。人眼只能看到非常小范围的波长，我们称为可见光。

艾萨克·牛顿发现，可以用玻璃棱镜

红外线

天文学家威廉·赫歇尔是第一个发现不可见形式的光的人。他使用棱镜将阳光分解成一道彩虹，以便获取每种颜色的温度。他将温度计放在刚好超过光谱红色边的位置，然后惊奇地发现气温在上升。唯一的解释是，有些不可见形式的光覆盖于可见光谱之外。这就是使我们感到热的红外线辐射。有些动物，如响尾蛇，可以探测到红外线，并用来捕食猎物。

衣领下面的什么东西让我感到有点热……

雷达

某些光的波长被用于测量速度和距离。雷达是一个发送无线电或微波信号并测量它们需要多长时间返回的系统。由此可以知道某物有多远，运行速度有多快。雷达也能比较波频率的变化。频率的差异越大，距离物体的距离越远。飞机用这种方法来确认其高度。

通过从卫星发送无线电波来测量山地的高度，雷达可用于绘制地球表面的地形图。

光谱

光谱学是一种用色彩来测量事物的技术。当原子受热时，它们的电子激增到更高的能量水平。最终它们会降下来，但当这样做时，它们会散发出光。每个元素产生它自己的颜色图案，明暗相间，像指纹

彩虹

彩虹说明光是由不同的颜色组成的。当你观察降雨或蒙蒙细雨后产生的彩虹时，你需要背对着太阳看。当阳光进入雨滴时，被折射两次，然后分裂成单种颜色。红光以太阳射线的 42° 角反射到眼睛，而紫光是 40° 角。如果从我们在地面上的影子向上看，就可以测量出这些相同的角度。如果光线被折射 3 次，则会在 50° 至 53° 之间形成第二道彩虹。

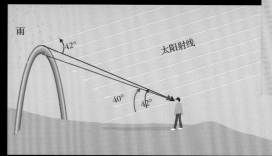

雨　42°　太阳射线　40°　42°

紫外线　　X 射线　　伽马射线

可见光

将光线分成不同颜色。

通过观察太阳的光谱并与单个成分的光谱比较就能知道太阳是由什么组成的。

太阳光谱

钾　铷　铯

紫外线毁了我的实验，但给了我健美的肤色。

紫外线

紫外线是由德国物理学家约翰·里特尔发现的，他注意到，氯化银在光线照射下变成了黑色。光谱紫色边以外的看不见的射线尤其能使盐变黑。许多昆虫可以看见紫外线，帮助它们寻找花蜜。如果你在阳光下待得太久，紫外线亦能把你的皮肤灼伤。

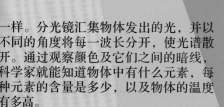

太空

在太空，光是测量物体的唯一方式。望远镜接收光的不同波长和频率，这些波长和频率可以用来测量大多数恒星和星系，探明存在哪些元素，确定温度，以及发现隐藏的东西，如黑洞。使用望远镜探测紫外线、红外线和可见光已经发现了银河系的螺旋结构。图中紫色的点是黑洞和中子星。

一样。分光镜汇集物体发出的光，并以不同的角度将每一波长分开，使光谱散开。通过观察颜色及它们之间的暗线，科学家就能知道物体中有什么元素，每种元素的含量是多少，以及物体的温度有多高。

光 速

不论是在太空还是地球上，没有比光速更快的东西。它具有10亿千米／时的速度——大约是每秒绕地球7圈——光真是相当的精力充沛。以这一速度，光从纽约到伦敦比眨眼还快。奇怪的是，无论你尝试有多快，并且设法跟上光，你永远无法赶上它，甚至无法接

我们怎么知道它的速度这么快？

有几位科学家，包括伽利略，曾经尝试测量光速。第一个得出接近于准确数字的人是莱昂·傅科，他用了旋转镜做了一个实验。用光照射镜子，将其反射到一个固定的镜子，然后再返回。由于旋转的镜子以不同的角度反射光，反射的光会偏离一点距离。如果知道镜子的旋转速度，并测量发出去和返回来的光线之间的距离，就可以计算出光速。虽然傅科得出接近的数值，但建造了更大、更好的傅科式实

验的艾尔伯特·迈克尔逊得出的数字更接近。我们得到的最精确的速度是每秒 299792 千米。

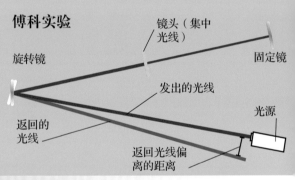

傅科实验

旋转镜　　镜头（集中光线）　　固定镜

发出的光线　　光源

返回的光线

返回光线偏离的距离

宇航员将反光镜留在月球上以供科学家启动激光器，帮助我们获得了光速的准确数字。

光用*0.02*秒就能够从

光年

事实上，到目前为止，光传播得如此之快意味着我们可以用它来测量到达最遥远的恒星和星系的距离。如果光以近 30 万千米／秒的速度传播，想象它一年可以走多远。答案大约是 9.5 万亿千米。我们称这一单位为光年。距离我们的太阳系最近的恒星是 4.3 光年的半人马座阿尔法星。这表示它距离太阳系大约有 41 万亿千米，但当你意识到距离我们星系中心的距离是 30000 光年，以及我们能看见的最远的物体是在 465 亿光年远的宇宙边缘，这简直不算什么！

我们星系的中心
30000 光年

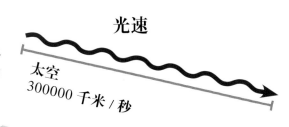

速度限制
每秒 299792 千米

近它。光总能以**10亿千米/时**的速度超过你。不只是可见光以这种看来似乎不可能的方式移动——所有其他形式的电磁辐射，从伽马射线到无线电波都是一样的。

放慢光速

　　光回到地球，如果要穿过什么东西的话，光速肯定会放慢。穿过钻石，光速要减慢一多半；会以 120000 千米 / 秒的速度（在高能量的伽马射线形式下）穿过厚铅块。

光速

太空
300000 千米 / 秒

水
225000 千米 / 秒

玻璃
200000 千米 / 秒

钻石
125000 千米 / 秒

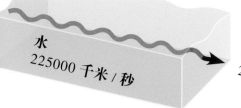

纽约到达伦敦。

膨胀的宇宙

　　我们生活在一个正在膨胀的宇宙中。我们知道这些，是因为天文学家发现，许多星系正在以极快的速度远离我们。当太空延伸时，来自星系的光的波长也被延伸，在其光谱中产生所谓的红移。所产生的影响是使星系光谱中的暗线向红色端靠近。通过测量暗线移动了多远，就可以计算出星系的年龄和距离。在宇宙的边缘，发现了具有最大红移的星系。具有蓝移的物体，也就是暗线移向光谱的蓝色端，正在向我们移动。

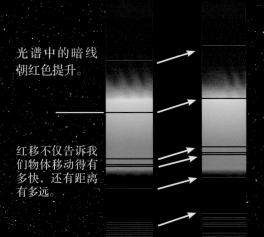

光谱中的暗线朝红色提升。

红移不仅告诉我们物体移动得有多快，还有距离有多远。

承受 压力

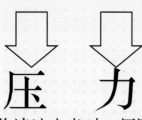

我们都在承受压力！ 当你读这本书时，周围的空气正在把相当于 17 吨重的力量压在你身上。如果你的身体是一个空壳，瞬间就会被压碎。但是，不用担心——我们通常不会感觉到空气的压力，因为我们的身体会用相等的反作用力将其推回去。

什么是大气压力？

天空不是空的空间——而是充满了数以万亿的看不见的气体分子，这些气体分子一直不停地运动，相互碰撞或碰撞其他东西。每秒都有数以万亿计的气体分子碰撞你，每个给予微小的作用力。所有的作用力加起来形成压力。地球大气层中的空气分子被重力拉向地面，因此，靠近地面的地方空气最密集而且压力最大。我们用称为巴的单位来计量空气压力。大气层底部（海平面）的压力为 1 巴。

水下和水上压力的大气压值（巴）

高度/深度	压力
流星 85000 米	0.00001 巴
气象探测气球 50000 米	0.001 巴
臭氧层 16000 米	0.1 巴
飞机 8000 米	0.3 巴
山顶 5000 米	0.5 巴
海平面	1 巴
潜水员 -10 米	2 巴
鲨鱼 -300 米	30 巴
鱿鱼 -3000 米	300 巴
琵琶鱼 -5000 米	500 巴
太平洋底部 -11000 米	1000 巴

天气预报

预测天气非常好的方法是测量空气压力。我们使用一种称为气压计的装置来做这些。有些气压计甚至带有印在压力表盘上的预测值。当气象预报员说到"高"和"低"时，意思是高压地区和低压地区。高压地区通常平静且阳光灿烂，而低压地区通常有恶劣的天气。

这个气压计的中心是一个密封的罐……

气压计

……随着空气压力上升或下降，罐缩小或扩大，使指针转动。

低压

高压

气象图

高压地区的空气分子迅速移动填补低压地区。这疾驶的空气就是我们所说的风。风力往往吸取水分，造成云和雨。

此刻作用在你身上的空气压

0.3 巴

飞行高度

飞机起飞后，有时你可能感觉到耳膜鼓得很疼。这是因为当飞机上升时，机舱里的气压下降，但你耳朵里的空气继续处于正常大气压下并用力压你的耳膜。飞机里的空气压力不会降得像在飞机外面那么多。如果是那样的话，空气就会太稀薄以至于无法呼吸，每个人都会窒息。所以机舱要加压，以保持透气，但压力略低于地面。

0.5 巴

山顶

随着地球大气层高度的上升，空气分子的密度会变小，空气压力也就会下降。在海拔很高的山顶上，空气稀薄得让人呼吸都困难，你不得不大口吸气，以获得你身体需要的氧分子。

潜水深度

我们的身体完全适应陆地上的大气压力，但如果你带着便携式水下呼吸器去潜水，又会怎么样呢？水分子比空气分子重得多，且密度也大得多，这意味着它们会产生更大的压力。你只需潜水 10 米，身体所受的压力就会加倍。为防止海水压伤你的肺，必须从罐中呼吸高压氧气，以使肺部的压力与体外海水的压力相一致。

2 巴

减压病

潜水员必须非常小心，出水速度不要太快，否则可能患上致命的内科疾病：减压病。这是由于他们在水下呼吸的高压空气引起的。在高压下，空气中的氮分子开始溶于潜水员的血液。如果出水速度太快，压力的突然下降会使氮在潜水员体内产生致命的气泡，就像打开一瓶汽水时形成的气泡。

> 我在 10 米深，压力在增大……

秘密喷水器

这里有一个实用的玩笑，可以用来捉弄爱管闲事的人。能奏效是由于有空气压力。

① 在一个塑料瓶上写上"请勿打开！"。灌满水，拧紧瓶盖，并用图钉在瓶身下半部分扎上一些孔。

从瓶子上拔出那些图钉。别担心，不会漏——只要不打开瓶盖，空气压力会阻止水流出小孔。

② 将瓶子立在爱管闲事的人能发现的地方。瓶上的标签会令他们感到好奇。他们会打开瓶子并被喷湿！

当瓶盖被打开时，空气进入并从上面压下，从而使水喷射出来。

力相当于 4 头大象的重量！

能听见我吗？

世界充满了声音。声音是压力的另一种形式，是由于分子相互碰撞并传递能量产生的。压力的扩散以波的形式在空气中传播，在到达我们的耳朵之前，就像池塘里的涟漪。

波峰

压力波的形状说明了声音的很多特点——无论音调是响亮还是柔和，是高还是低。波峰之间的距离称为波长。每秒经过的波数称为声音的频率。

音调高而响亮

音调高而轻柔

音调低而响亮

音调低而轻柔

频率

频率是以赫兹（Hz）为单位来衡量的。频率表明声音的音调——波峰非常紧密的，要比波峰长、伸展的音调高一些。测量波的高度就能知道声音有多响。波峰高的声音要比波峰较为偏平的声音响亮。

叮咚分贝

我们使用分贝（dB）来描述一个声音压力波的功率。1分贝是一种被称为贝尔的单位的1/10，是以亚历山大·格雷厄姆·贝尔命名的。

分贝，是从我们的耳朵能察觉到的最低声音开始衡量的，比如几乎听不见的耳语。每增加10分贝，声音的压力增加10倍，所以10分贝声音的强度是耳语的10倍，20分贝是100倍，30分贝是1000倍，以此类推。像这样以10的倍数增加的级别，我们称为对数级别。对数对于更方便地使用特别大的数字很有帮助。例如，我们的听力开始受损的强度（120分贝）比耳语强1万亿倍，或是表示为强10^{12}倍。

0分贝，人类听得见的最低声响
树叶沙沙作响
40分贝，人在附近说话
70分贝，主路
100分贝，道路钻孔
120分贝，听力受损
140分贝，距离30米的喷气发动机
180分贝，距离160千米的喀拉喀托火山喷发
188分贝，蓝鲸在水下唱歌
200分贝，航天飞机点火起飞
218分贝，枪虾在水下用鳌击出的声响
300分贝，1908年通古斯陨石击中俄罗斯
高于300分贝，小行星撞击地球导致恐龙死亡

你好，亚历山大！

你不用喊——我就在隔壁的房间里。

亚历山大·格雷厄姆·贝尔
电话的发明者

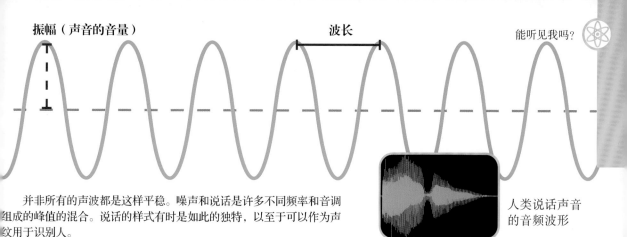

振幅（声音的音量）　　　　　　　　　　波长　　　　　　　　　　　　能听见我吗？

并非所有的声波都是这样平稳。噪声和说话是许多不同频率和音调组成的峰值的混合。说话的样式有时是如此的独特，以至于可以作为声纹用于识别人。

人类说话声音的音频波形

声速

声波是由分子的相互振动产生的，因此，声音能穿透液体、固体及空气。事实上，声音通常在液体和固体里传播得更快，因为它们的原子和分子非常紧密。在固体中，声音穿过硬质材料的速度快于穿过软质材料。太空是宇宙中最寂静的地方，因为声音不能在真空中传播。

橡胶　　**空气**　**水**　嘿，降低噪声！　**人体肌肉**　**黄金制品**　**耐热玻璃**

声速	195 千米 / 时	1225 千米 / 时	5400 千米 / 时	5544 千米 / 时	11644 千米 / 时	20300 千米 / 时

声呐

因为声音能穿透其他材料，可以用来探测和测量我们看不到的东西。其主要的用途之一是声呐。船和潜艇利用声呐进行水下探索和发现鱼群。声呐系统的工作原理是发送声脉冲，然后捕捉回声。如果信号来回需要 6 秒，那么必须 3 秒到达目标然后 3 秒返回。由于声音在水中传播的速度是 5400 千米 / 时，因此我们可以计算出目标是在 4.5 千米远的地方。鲸、海豚和蝙蝠都是使用同样的系统（回声定位）来导航和寻找食物。

我能捕捉到一些特别高的音调。

高频和低频

谁说长颈鹿是哑巴？

尽管人耳听 1000~4000 赫兹的声音最清楚，但人耳能觉察到的频率范围较宽，从 25 赫兹到 20000 赫兹。不过，其他动物可以听到比人类所能听到的高或低得多的频率。蝙蝠、鲸和海豚可以传输和听到非常高的频率，用作回声定位。超出人类听力频率范围的声音称为超声波。医生利用超声波查看体内的情况。频率低于我们听力程度的噪声，称为次声波。大象、长颈鹿和河马都使用次声波。大象的一些叫声可以穿透地面，其振动又通过它们的脚传回来。

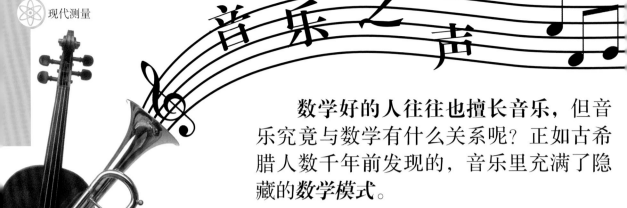

音乐之声

数学好的人往往也擅长音乐，但音乐究竟与数学有什么关系呢？正如古希腊人数千年前发现的，音乐里充满了隐藏的**数学模式**。

音阶是一连串令人愉快的逐渐升高频率的音符。音阶顶端的音符，其频率恰好是音阶底部音符的两倍，而且听起来很相似，但音调高一些。两者之间的音程称为一个八度。

测量音乐

希腊数学家毕达哥拉斯是早期在音乐里发现数学的人。据说毕达哥拉斯当时正路过一个铁匠铺，锤子敲打铁砧发出的清脆声音引起了他的好奇。他决定对此进行研究。他发现，一个两倍大的铁砧，发出较低的声音，恰好是一半的音高。就这样，毕达哥拉斯发现了铁砧的大小与其发出的声音高度之间的数学关系。

1 2 3 4 5 6 7 8

一个八度

C	D	E	F	G	A	B	C
262 Hz	294 Hz	330 Hz	349 Hz	392 Hz	440 Hz	494 Hz	524 Hz

每一个音符有不同的频率，在这里显示为赫兹（Hz，每秒发出的声波）。

> 我知道了！这一切都与弦长有关！

弦乐及乐器

毕达哥拉斯想知道是否能在弦乐器上找到一个类似的数学模式。果然，结果是弦的长度减少一半导致发出两倍音高的音（高八度音），因为短的那根弦振动速度快两倍。弦的长度加倍，产生一半音高的音（低八度音）。毕达哥拉斯还发现，通过以精确的小数加大或缩短弦长，或是用精心测算的拉力绷紧它，可以产生音阶上所有的音。

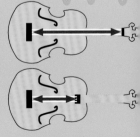

如果吉他的弦长减半，产生的声音会高一个八度。

毕达哥拉斯
（公元前 575—前 500 年）

"音乐是人类大脑所体验到的，来自计数却从未意识到那就是计数的

感受节拍

把手放在胸部左侧，你会感觉到心脏的跳动。你放松时心跳每分钟约为60~70（bmp）次，而你兴奋时心跳每分钟高达200次。所有的音乐像心跳一样有着带节奏的节拍。当你随着音乐点你的脚或舞蹈时，你的身体与音乐的"节奏"速度同步。柔和的音乐有着每分钟60~70拍的慢节奏，像一颗放松的心脏，而充满活力的舞音乐，其节奏可能会是每分钟200拍，就像心狂跳。

人类心脏产生的节奏模式就像击鼓。

数字音乐

如何将数千首歌曲存储在一个小小的智能手机？这一切都多亏了数字。录制音乐时，电脑系统通过记录每秒多达100000次的音调（频率）及音量，捕捉每一个声波——即使是完整的乐团。这些记录结果被存储为数位（数字），这就是为什么被说成是数字音乐的原因。当你播放乐曲时，你的计算机或智能手机将数字再转换回声波。

声波可以用数字来记录。波峰含有最高的数字，而波谷的数字最低。

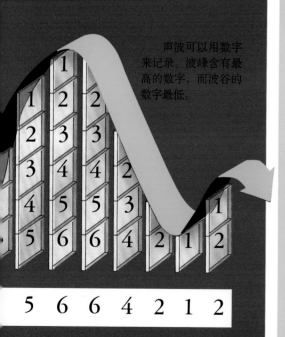

5 6 6 4 2 1 2

合拍

当一个乐队或乐团的音乐家们在一起演出时，大家都遵守同样的节奏和速度是绝对必要的，就像舞者要保持步调一致。有几种技巧能使他们跟上节拍。

指挥

指挥的部分职责是使他那拥有50~100位音乐家的乐团保持节奏一致。他挥动指挥棒指明节拍，使没有在演奏的音乐家能数节拍。

鼓手

在现代乐队，没有指挥指明节拍。但是，鼓手通过敲出能听见的节拍帮助音乐家们掌握时机。鼓手有点像听得见的指挥。

节拍器

音乐家单独演奏时，有时会使用一种称为节拍器的装置帮助他们保持恒定速度。被加上砝码的摆杆从一边到另一边来回摆动时，发出嘀嗒声。上、下滑动砝码可变换速度。

担任指挥

指挥不是简单地来回挥舞指挥棒。他们以特定的模式挥动指挥棒，以显示音乐的节奏，并告诉音乐家何时要加强一个节拍。在上面4幅图中，用1表示的位置是音乐家要奏出最强节拍的地方。

乐。" 戈特弗里德·莱布尼茨（1646—1716），德国数学家

现代的时间

时间是我们生活中的一种度量——一种控制我们生活的无形统治者。现代技术使我们能够以极小的分数切开和测量时间，但技术能不能扭曲时间，这样我们就可以将时间拉到未来或回到过去？只有时间知道。

准时

所有的钟表和手表都依靠被称为"谐振子"——一种来回振动（以恒定的频率摆动）的物理装置，才能走得准。

摆动的钟摆（17 世纪 50 年代—）

第一个准确的时钟为了走得准，带有一个摆动的重物——钟摆。后来的钟表及早期的手表，代之以一种摇把或摇摆轮。使这一机械装置得以小型化，便于携带。

石英振动（20 世纪 60 年代—）

大多数现代钟表使用微小的、每秒精确颤动 32768 次的石英晶体，走时准确。微晶片计算这些振动并将它们转换成时、分和秒。

原子振动（20 世纪 90 年代—）

原子钟利用原子内部电粒子的振动来准确计时。它们精确到每 6000 万年误差 1 秒钟。原子手表每天接收原子钟发出的无线电信号，以确保它们始终显示精确的时间。

俄罗斯
覆盖 11 个时区，因为它从欧洲一直横跨到亚洲。

本初子午线
所有时区测定的时间都与此线有关，该线穿过英国的格林尼治。

时区线
它并不是像这里显示的那样直。有些线东移或西移以包进一个国家的边界。

时区

直到 18 世纪，地球上大多数地方测得的时间不同，人们用日晷确定他们自己的本地时间。现在，整个世界使用协调世界时（UTC）以同样的方式计算时间。这是把地球划分成 24 个时区，每一个时区都以确切的小时数早于或晚于英国伦敦的格林尼治标准时间（GMT）。

普朗克时间

可测的最短时间是多少？在史前时期，是 1 天。到了 16 世纪，是 1 秒。如今，卫星导航系统所依靠的卫星时钟的误差从未超过十亿分之一秒（否则，你的车可能最终错误地到达道路另一边）。不过，还有改进的余地。无论谁都能测量的最短时间是"普朗克时间"，即 0.0000000000000000000000000000000000000000005 秒，并以德国物理学家马克斯·普朗克命名。把时间分得比这个程度更短是不可能的。

0.00000000000000000000000000000000000000000005

国际日期变更线

这条假想线将"今天"与"昨天"分开。在基里巴斯岛屿周围呈曲线形，是为了使它们能够有一个单一的时区。

两极

世界时区在北极和南极汇合。绕两极本身走走，可以在几秒钟内经过世界上所有的时区。

公制时间

为什么时间从来没有用公制？法国在 1789 年大革命后曾短暂尝试过。1 个星期 10 天、每天 10 小时、100 分钟 1 小时、100 秒 1 分钟。在那时，月份是用季节和天气命名的，所以你的生日可能是雾（10 月）11 日或水果（6 月）27 日。公制时间非常不受欢迎：大家仍然 1 星期休息 1 天，但 1 星期多 3 天，这意味着 10 天里只有 1 天的休息日！

互联网时间

替代时区，在世界上每个人都可以用同样的时间，但在不同点开始和结束一天。这就是互联网时间的概念。一天由 1000 个单位组成，而时间只不过显示为 000 到 999 之间的数字。

时间旅行

怎样才能在时间里旅行？美国数学家弗兰克·提普勒（1947 —）想象，首先需要用一个巨大的旋转管道延伸太空和时间。然后便可以乘坐航天器，围绕这个管道突突突地向前钻进未来或向后钻进历史。需要什么条件呢？提普勒的管道可能需要比太阳重 10 倍、无限长，而且能靠负能量开动！

20 世纪 60 年代的电影《时间机器》中的罗德·泰勒

灾难！

飓风是否比地震更糟？地球究竟能承受多大的小行星的撞击？地球这颗星球一直是并将永远是一个危险的居住地。我们可能会对大规模杀伤性武器所释放的能量感到惊奇，但与自然灾害的暴力相比，这些能量还是微不足道的。

杜林危险指数	
0	没有危害：实际上没有发生碰撞的机会
1	正常：没有引起关注的附近蹦过来的石子
2	值得关注：飞过来的石子，但不大可能击中
3	值得关注：能有 1/100 机会击中的石子，并能造成有限的局部损坏
4	值得关注：能有 1/100 机会击中的石子，并能造成区域性破坏
5	威胁：尚未打过来的石块，可能会造成严重的区域性破坏
6	威胁：要打过来的石块，可能导致全面性的灾祸
7	威胁：附近的一块大石头，构成引起全面性灾祸的严重风险
8	肯定的碰撞：必将引起局部破坏或海啸的岩石
9	肯定的碰撞：必将引起大规模的区域性破坏或引发海啸的巨大岩石
10	肯定的碰撞：可能会毁灭文明的一个巨大的岩石

阿斯特勒灾害

恐龙可能是在约 6500 万年前，当一颗小行星（一块巨大的太空岩石）撞击地球时灭绝的。但是，每年都有成千上万的陨石（尺寸从车轮大小的巨石到太空污垢的小斑点不等）击中地球，幸好通常不会造成影响。科学家用杜林危险指数来衡量太空岩石构成的危险。

地震

当地壳的巨大板块突然断裂或抻拉、摇动地面时，就会发生地震。因为大地震比小地震的破坏规模大得多。因此，科学家使用一种特殊的级别来衡量它们。每长一个级别，意味着震动比上一级别强 30 倍。因此，一个 8 级地震的强度不是比 1 级地震强 7 倍，而是强 200 多亿倍！以这种方式增加的衡量级别称为"对数"级别。

8+ 强烈
大规模的毁灭，造成巨大生命损失

7 严重
巨大的破坏，造成重大生命损失

6 强
广泛的破坏，可能造成生命损失

5 中度
可能造成破坏，死亡罕

4 轻度 可能造成局部损坏

2~3 轻微 损坏不大

1 无震感

震级

突然爆炸！

火山爆发

你最不想尝试测量的事是火山爆发——除非想亲自把自己埋葬在 100 万吨的火山熔岩下。那么，科学家如何安全地比较火山爆发？站在安全距离外，他们估算从火山顶上喷涌出物质的容积、喷发高度及喷发持续多长时间。这些数字越大，火山获得的火山爆发指数（VEI）越高。

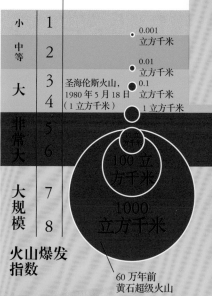

喷发量

小	1	0.001 立方千米
中等	2	0.01 立方千米
大	3	圣海伦斯火山，1980 年 5 月 18 日（1 立方千米） 0.1 立方千米
	4	1 立方千米
非常大	5	
	6	100 立方千米
大规模	7	1000 立方千米
	8	

火山爆发指数

60 万年前黄石超级火山

飓风

多莉、卡特里娜、安德鲁……有着友好名称的飓风听起来好像无害，但这些旋转的海洋风暴（也称为台风）造成的破坏超过任何其他自然灾害。飓风在两分钟内释放出的能量相当于核弹爆炸。估计飓风的能量是评估其所构成危害的重要组成部分。

风暴潮 （英尺）

压力（毫巴）	980+	979	964	944	<920	损害程度
156+					5	灾难性的
131				4		极端的
111			3			大范围的
96		2				温和的
74	1					极小的

风暴潮（英尺）: 4　6　9　13　18+

萨菲尔—辛普森飓风量级表

飓风风力可达 240 千米／时的速度

龙卷风

龙卷风是始于地面的云状的缠绕旋风。虽然比飓风小得多，但能生成更凶猛的风。藤田级数将龙卷风分成不同级别，最激烈的（F-5）产生的风速超过 320 千米／时。

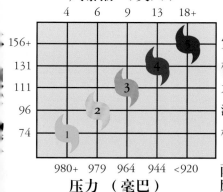

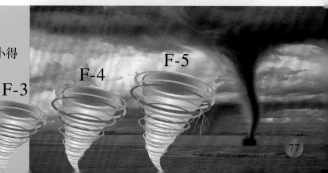

藤田级数　F-0　F-1　F-2　F-3　F-4　F-5

非常大

地球有多大？银河系有多大？宇宙有多大？它们是如此广阔，我们的大脑无法对付它们的规模——理解这么大规模的唯一途径是使用数学。

强大的数字

　　测量大的东西要用大的数字，但把它们写下来既浪费时间又浪费纸张。科学家用幂替代这些数字，幂表示一个数量需要被自己乘以多少次。在数字 10^6 中（读成"10 的 6 次幂"），6 是幂。这是一个快速写 $10 \times 10 \times 10 \times 10 \times 10 \times 10$（1百万或数字 1 后面跟 6 个零）的方式。不是简单的10 的倍数的数字用不同的方式来写：2 百万写为2×10^6，7654321 写为 7.654321×10^6。

$$10^3 = 1\ 000$$

$$10^6 = 1\ 000\ 000$$

$$10^9 = 1\ 000\ 000\ 000$$

$$10^{12} = 1\ 000\ 000\ 000\ 000$$

最高的建筑物
哈利法塔，迪拜的摩天大楼，高818 米（8.18×10^2 米）。

月亮的大小
地球的卫星月亮的直径是3477 千米。

最长的河流
从卢旺达到埃及，尼罗河川流不息 6695 千米。

骑了最远的摩托车
埃米利奥·科托用 10 年时间骑完 7.35 亿米（以及214 个国家）。

宇宙标尺

10^3	10^4	10^5	10^6	10^7	10^8	10^9	10^{10}	10^{11}	10^{12}	10^{13}	10^{14}

米

最高的山峰
喜马拉雅山的珠穆朗玛峰高 8848 米——大约比摩天大楼"哈利法塔"高 10 倍。

木星的大小
木星的直径是地球直径的 11 倍。

距离太阳
149 597 887 500 米（1 天文单位）。

太阳系的大小
　　如果地球小如 1 粒豌豆，你可以在 1 小时内徒步横跨 12 万亿米宽的太阳系。

地球的大小
围绕赤道测量，地球直径为 12756000 米。

不着陆飞行的最远距离
　　雨燕幼鸟（幼小）第一次飞行时，可能会在空中飞行长达 4年，吃、睡都在飞行中。不间断飞行大约 80 万千米（8×10^8 米）。

巨大的单位

　　当涉及太空中的广阔距离时,以米为单位根本不够大,所以,科学家使用一套不同的计量单位:天文单位(AU)、光年及秒差距。1天文单位是地球到太阳的距离,而光年,是光在1年内穿过的距离。当望远镜展示给我们10光年远的景象,这个景象是10年前发生的——图像要用10年的时间到达我们这里。

$$天文单位 = 1.5 \times 10^{11} \text{ 米}$$
$$光年 = 9.46 \times 10^{15} \text{ 米}$$
$$秒差距 = 3 \times 10^{16} \text{ 米}$$
$$千秒差距 = 3 \times 10^{19} \text{ 米}$$
$$百万秒差距 = 3 \times 10^{22} \text{ 米}$$

星系群

　　银河系只是宇宙中很多星系之一。与邻近星系一起组成群(称为本星系群),宽度为600万光年。

空洞

　　太空中有巨大的黑洞,那里没有恒星、气体或任何其他物质。这些洞被称为空洞,迄今发现的最大的空洞横跨将近10亿光年。没有人知道为什么会有空洞……

银河系

　　数百万颗恒星,包括太阳系,组成了银河系。这个星系的一边到另一边绵延100000光年。

10^{15}　10^{16}　10^{17}　10^{18}　10^{19}　10^{20}　10^{21}　10^{22}　10^{23}　10^{24}　10^{25}　10^{26}

猎户座星云

　　这个巨大的由尘埃和气体组成的云团为30光年或2.8×10^{26}米宽。

宇宙的边缘?

　　人类所知道的最大的事物——宇宙有多大? 有人说,跟它的年龄一样大,大约有137亿光年大。但事情并非如此,因为太空本身在不断扩大。考虑到这一点,我们可以看到的最远的物体有465亿光年(4.4×10^{26}米)远。而这只是"观察得到的"宇宙——可能会有更多超出了我们望远镜的范围。没人真正知道宇宙究竟有多大。

能看到多远?

　　可能比你想象得更远。在晴朗的夜晚能看见星星吗? 它们有数光年远! 我们用肉眼最远可以看到的通常是250万光年远的仙女座星系。有些人甚至可以看到314万光年远的三角座星系。

到无穷远及以后……

非常小

过去，哲学家曾经争论能有多少天使在大头针针头上跳舞，这大概是不论什么人都能想象的最微小的事情。现在，科学家常常要衡量比这小到千万分之一的事物。

小数字

就像幂有助于描述大事物（见上页）一样，幂也可以用来形容小东西。负幂表示一个很小的数字的小数点后面有多少位。因此，在下面的米尺上 3 厘米是 3×10^{-2} 米。

$$10^0 = 1$$
$$10^{-3} = 0.001$$
$$10^{-6} = 0.000001$$
$$10^{-9} = 0.000000001$$

红血球

一滴血中大约有 500 万个红血球。红血球宽 7 微米（七百万分之一米，或 7×10^{-6} 米），对它们来说有足够的空间！

亚原子标尺

最矮的男人
来自尼泊尔的钱德拉·巴哈杜尔·康吉只有 54.6 厘米高。

最小的变色龙
成年侏儒变色龙只有 3 厘米长。

肉眼可以看到的最小的尺寸。

毫

1 米 | 10^{-1} | 10^{-2} | 10^{-3} | 10^{-4} | 10^{-5} | 10^{-6}

微

最小的马
"拇指姑娘"是 43 厘米高。

最小的国际象棋
宽为 2.4 毫米（2.4×10^{-3} 米），能放在一个大头针针帽上。你需要用镊子来玩！

毫米微芯片
这只蚂蚁口中的微芯片是 10^{-3} 米宽——恰好是 1 毫米宽。

这幅电子显微镜图像已被放大了约 13 倍。

显微镜之父

荷兰人安东·范·列文虎克（1632—1723）是第一个对非常小的东西作了科学研究的人。他喜欢仔细端详从老人牙齿上刮下来的黏性物，并且是早期看见细菌的人之一。他通常被称为显微镜之父，但实际上他用的是玻璃珠放大镜。英国人罗伯特·胡克（1635—1703）的确使用了显微镜。他因他的书《显微制图》而出名，书中刊载了显微镜下的动物草图（包括蚂蚁，他把它们的脚粘住来防止爬动）。

胡克绘制的跳蚤草图

微小单位

用米来衡量微小的东西很不现实，因此我们代之以更小的计量单位。大头针的针帽大约是 1/2000 米宽，即 2 毫米或 2000000 纳米。要观察纳米级的东西（如原子），科学家需要借助电子显微镜。这些显微镜使用电子束，而不是光束，这样就可以看到比普通显微镜所能看到的小 1000 倍的东西了。

1 厘米 （cm）	=0.01 米	$=10^{-2}$ 米
1 毫米 （mm）	=0.001 米	$=10^{-3}$ 米
1 微米 （μm）	=0.000 001	$=10^{-6}$ 米
1 纳米 （nm）	*=0.000 000 001*	$=10^{-9}$ 米
1 皮米 （pm）	=0.000 000 000 001 米	$=10^{-12}$ 米
1 飞米 （fm）	=0.000 000 000 000 001 米	$=10^{-15}$ 米
1 幺米 （ym）	=0.000 000 000 000 000 000 000 001 米	$=10^{-24}$ 米
1 普朗克长度	=0.000 000 000 000 000 000 000 000 000 000 000 016 米	$=1.6 \times 10^{-35}$ 米

纳米技术

一旦可以看见并操控单个原子，我们或许能像砌墙一样建造一套纳米级构造。从理论上讲，对原子的绝对控制，使我们能逐个用原子建造完美的构造。科学家正致力于创造出纳米机器人——能在血管内游动的足够小的机器人，修复损伤并消除疾病。

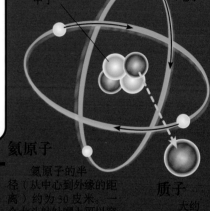

中子

电子

氦原子

氦原子的半径（从中心到外缘的距离）约为 30 皮米。一个大头针针帽上可以容纳万亿个氦原子。

质子

大约百万分之一纳米。

最小的收音机

将头戴式耳机插入有着 0.00001 毫米（10 纳米）宽耳机插孔的世界上最小的收音机会很困难。

指甲生长

指甲一星期生长 0.5 毫米，大约每秒生长 1 纳米（8×10^{-10} 米）。

10^{-7}　10^{-8}　10^{-9}　10^{-10}　10^{-11}　　10^{-15}

纳米

皮米

原子艺术

20 世纪 90 年代，在 IBM 电脑公司工作的科学家使用高效电子显微镜将 35 个氙原子轻推到 5 纳米高的 IBM 标志中。

能有多小?

能获取多小的而且仍然存在意义的东西是有限度的。我们有的最小的尺寸被称为普朗克长度（以德国物理学家马克斯·普朗克的名字命名）。可能没有什么能比小于质子大约 10^{20} 倍的普朗克长度小……好吧，除了电子，或是夸克，或是轻子。所有这些“基本粒子”的大小被认为是一个“点”，作为一个没有尺寸的点，这些粒子可以说是**零尺寸!**

普朗克长度 1.6×10^{-35}

感冒病毒

电子 0 ?

稀奇古怪的计量单位

什么东西能用推力测量？遇到古戈尔、米奇、加恩或斯穆特怎么办？请阅读下文，了解世界上最稀奇古怪的计量单位。

古戈尔

1938 年，数学家爱德华·卡斯纳发明了古戈尔，他 9 岁的外甥想出了这个名字。这是一个非常非常大的数字，1 后面跟了 100 个零。谷歌搜索引擎就是以此命名的。

$$10 \times 10 \times 10 \times 10 \times 10 \times 1$$

体积与纯度

克拉（纯度）

为什么有些用金子做的物品要比别的物品贵得多？这是因为黄金的纯度，用克拉来衡量，差异可能很大。纯金是 24 克拉，但 18 K 金含有 18 份黄金和 6 份其他金属，只有 75% 的纯度。

悉尼港

澳大利亚人使用这一体积单位来衡量水量。1 悉尼港是整个悉尼港的水量，约 5000 亿升（9000 亿品脱）。

奥林匹克规格的游泳池

奥林匹克规格的游泳池是 50 米长 × 25 米宽 × 2 米深。庞大的体积单位方便描述巨大的数量。例如，英国产生的垃圾，每 4 分钟能填满 1 个奥林匹克规格的游泳池。

谷仓

这个单位是一位科学家开玩笑说铀原子核"像谷仓一样大"时诞生的。事实上，准确地说，这是一个实在非常、非常、非常微小的谷仓：0.0000000000000000000000000001 平方米。

嗯……这是一个不太卫生的测量。

一口

一口约 28 毫升，曾被用来衡量小体积……哈哈！

速度与力量

马力

在马拉车的日子里，人们用马的数量衡量拉力。奇怪的是，如今我们仍然用"马力"来划分轿车和货车。但没有多少人使用不太有名的单位"驴力"。如果你有兴趣，1 驴力是 1 马力的 1/3。

快拉一下，笨驴！

光的速度

宇宙中最快的东西是光的速度。物理学定律表明——任何东西都不可能更快。光以大约 10 亿千米 / 时的速度在太空中传播，足够在 1 秒内围绕地球转 7 圈。好快！

打结

为什么要打结？有一个很好的理由——用作测量船速的单位——被称为结头。航海者常常将桶绑在打了结的绳子上并扔到船外，以此来测量船的速度。使用一个沙漏，他们数出在一段测量时间内，有多少结头漂过。1 个结 =1.85 千米 / 时。

推力

喔！当跑车突然加速时，可曾感觉到跑车的推力？工程师定义"推力"为加速转换率，并用米 / 立方秒来衡量。

2 克拉钻石
18 克拉黄金

古戈尔 ×
0×10×10×
0×10 ^{100} ×
= 10 ^{100} ×
0×10×10×

斯科维尔级别

斯科维尔级别是我们用来衡量辣椒的"辣度"的。当心特别辣的那一个！

柿子椒 – o

墨西哥辣椒 – 2500

辣椒 – 30000

哈瓦那辣椒 – 200000

卡罗来纳死神辣椒 – 1569300（世界上最辣的辣椒）

尺寸

腕尺

这是已知的最古老的长度单位，曾在古埃及被使用过。这是一个人从肘部到中指尖的手臂长度。

巴利肯

这种盎格鲁—撒克逊人的单位是一颗大麦粒的长度。在中世纪的英国，3个巴利肯等于2.5厘米。

手指和拃

什么东西能更方便地测量比手大的东西？1手指（指宽）是2厘米，1拃为23厘米。1拃也是腕尺的一半——用你的手验证一下。

1. 手指
2. 拃

到西贡只剩10克里科！

克里科

克里科是军队俚语，意思是千米。20世纪60年代，这个词在越南的美国士兵中很流行。可能是因为士兵认为它听起来很酷。

1 粒

大象

在19世纪，没有A4、A3或A6尺寸的纸张。替代的纸张尺寸如"大页纸"（42厘米×37厘米）和"大象"（71厘米×58厘米）。如果你实在想留下深刻印象，可以将你的文章写在那时能有的最大尺寸的书写纸上：双象。

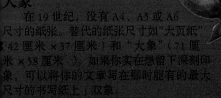

弗隆

这个古老的英国单位是横跨一块标准田地犁被拉动的距离——约201米。弗隆于1985年被废除，但有时仍然被用于今日的赛马：这也许是因为赛马不停，依然弗—隆（意思为：毛—长）！

重量

谷粒   硬币

谷粒

谷粒是一种基于小麦、大麦或其他谷类作物种子的重量单位。它长期被用来衡量小的，从钱币、子弹到火药等珍贵物品。

克拉（重量）

衡量钻石或其他宝石有多重的计量单位。这个词来自希腊语的角豆种子，这种种子在古希腊被用作标准重量。现在被定义为200毫克。哈哈！

83

时间

原子

中世纪时期，拉丁词原子意味着"一眨眼"——能想象的最短时间。如今，被准确地定义为 1/376 分钟，或是大约 160 毫秒。一原子再见！

胡子秒

1 胡子秒，是男人胡须 1 秒钟生长的长度；5 纳米（0.000005 毫米）。这个不完全严谨的单位，仅由原子物理学家用来形容原子和亚原子粒子移动的微小距离（只有他们真正知道他们在说什么！）

银河年

这是太阳系在围绕银河系中心的轨道上完整运转一圈所需要的时间。1 银河年 = 2.5 亿年。在银河时间表上，海洋出现在地球 4 银河年岁时，而生命开始在地球 5 银河年岁时。地球目前是 18 银河年岁——还只是个青少年。

百万年（马）

百万年（发音为"百万 年"）是 1 个 100 万年（1 马），用这一单位描述地球的悠久历史比较方便——科学家们称之为"地质年代"，恐龙在 65 万前灭绝。

瞬间

这样短的时间单位长度取决于你问谁。计算机专家定义"瞬间"为计算机系统时钟（0.01 秒）的一个嘀嗒。物理学家说，瞬间是光穿过 1 个质子的宽度所用的时间，使"瞬间"成为令人难以置信的微小的 3×10^{-29} 秒。

十亿年（镓）

十亿年（发音为"十亿年"）是 1 个 10 亿年（1 镓）。地球行星在 4.57 镓（45.7 亿年）前形成。

等一等！

片刻

当你说"等一等"时，到底是请求别人等多长时间？片刻，是一个中世纪的时间单位，等于 1 小时的 1/40，即 1.5 分钟。

计算机

米奇

以卡通形象米老鼠命名，米奇是电脑鼠标可觉察到的最小的移动长度。大约为 0.1 毫米。试着尽可能快地说："Mickey Mouse moved the mouse a mickey（米老鼠移动鼠标一米奇）"。

半字节

如果你有点饿，但又不想吃正餐，你可能只是去吃一点食物。在计算机世界，"半字节"就是半个"字节"。那什么是字节？阅读……

半字节是不够的。我要一个字节！

字节

我们都知道兆字节和千兆字节是什么，但字节究竟是什么？计算机用二进制代码存储所有的信息，也就是由 1 和 0 组成的信息流。每个 1 或 0 被称为"位元"，而 8 个位元的集合是"字节"。例如，字母 F 被存储为 1 个字节，由位元的 01000110 形式组成。千字节是 1000 个字节，兆字节是 100 万个字节，千兆字节是 10 亿个字节，而兆兆字节是万亿个字节。

0100110

以人的名字命名

我可以使许多船舶下水！

沃霍尔

安迪·沃霍尔曾经说过："未来每个人都会著名 15 分钟。"因此，沃霍尔是知名度的计量单位。1 千沃霍尔意味着闻名 1.5 万分钟或约 10 天。

毫海伦

毫海伦是被用来测量美的。特洛伊的海伦——希腊神话中惊人的美丽皇后——有一张"使千艘船下水的脸"。使一艘船下水所需的美丽程度是 1 毫海伦。

斯穆特

1 斯穆特被定义为 1.7 米，这是美国学生奥利弗·斯穆特在 1958 年的高度。在哈佛大学的一个学生恶作剧中，斯穆特被用来衡量哈佛桥。伙伴们把他按倒在桥上，在他的头部位置画了一个标记，且一路重复这一动作。桥的长度为 364.4 斯穆特，加上或减去一只耳朵。斯穆特的标记至今仍画在桥上。

NASA

加恩

有 60% 的宇航员在轨道运行失重的情况下，患有太空疾病。迄今曾报告过的最糟糕的案例，是参议员杰克·加恩于 1985 年所患的太空病。他病得很严重，以至于他的名字现在被美国国家航空和宇宙航行局用作太空疾病的计量单位。1 加恩是你能得的最重的病！

杂项

阿普加新生儿评分

当你出生时你被给予阿普加评分。这是你参加的第一次测试！阿普加评分根据外观、脉搏、面部表情、活力和呼吸，在新生儿出生后，立即对其健康进行评估。评分范围从 0 到 10。

流浪汉强度

这是衡量某物气味有多糟糕的计量单位。级别从 0（无异味）到 100（致命）。最浓的屁，约 13 流浪汉。达到 50 流浪汉，弄出这一臭味的人一定会令人作呕。呸！

巨无霸指数

巨无霸指数是经济学家发明的，用来比较不同货币的购买力。例如，如果 1 个巨无霸在英国卖 1 英镑，而在美国卖 2 美元，但汇率是 1 英镑 = 1.5 美元，则英镑的购买力更强，并可能被高估（这意味着它未来可能会贬值）。

卡路里

卡路里（也称为大卡）是用来衡量食物被燃烧后释放出多少热量。食物所含热量越高，越能使人发胖。1 千卡是使 1 千克水的温度升高 1℃所需要的能量。

鸟群

可曾琢磨过海鸥群里有多少只海鸥？鸟群意味着两个 20 或 40 只。

分贝

ZZZzzz ZZZzzzzzzz zzzzzzzzzzzzz

我们用分贝，一个以电话发明者亚历山大·格雷厄姆·贝尔命名的级别，来衡量声音的强度。声音每增加 10 分贝，实际上是增加了 10 倍的强度，所以 40 分贝的声音要比 10 分贝的声音强 1000 倍（但声音只是响 8 倍）。

面包师的 1 打

面包师的 1 打是 13 个。这个古老的计量单位可以追溯到 13 世纪时的英国，如果哪个面包师被发现欺骗顾客，就会受到用斧头砍下一只手的惩罚。为避免这种不愉快的命运，当顾客买 1 打（12 个）面包时，面包师故意免费多给 1 个。安全是最好的！

免费

公　制

世界上几乎每个国家都使用公制作为官方计量单位。使用一个制式有助于国际贸易：在秘鲁制造的 10 毫米螺丝可以出售给在瑞士想买 10 毫米螺丝的人——且由于大家都使用相同的标准尺寸，瑞士人知道螺丝肯定是他们所需要的尺寸。

非公制

法国 200 多年前发明了公制，从此几乎被全世界所采用。美国是唯一没有正式使用公制的国家。

公制前……

……有各种各样不同的、复杂的衡量制式。看看长度：1 英尺等于 12 英寸，3 英尺等于 1 码，1760 码等于 1 英里，加上链、弗隆、杆、跨度、巴利肯、埃尔……总而言之，是许多看起来随意且不便使用的尴尬数字。

埃尔是什么?

比尴尬的数字更混乱的是计量单位的不一致。比如说埃尔。当中世纪在英国第一次使用时，它是基于一个人的臂长，按今天的说法大约是 57 厘米。但后来被议会改成了两倍的长度。与此同时，在德国是约 40 厘米，但在苏格兰，是 95 厘米。而仅在瑞士就有 68 种不同的实际长度都被统称为 1 埃尔。想必应有更好的办法?

告诉您陛下，那鱼至少有 1 埃尔长!

哼，只有 1 埃尔? 我的先生，这么小!

较好的方法

公制最早产生于 18 世纪 90 年代，使测量变得简单。现在称为国际单位制（SI），规定了一套一致、易于使用的单位。现代制式有 7 个主要单位（"基本单位"），由此可以导出所有其他单位（如测量面积用的平方米）。

电流表以安培测量电流。

单位	符号	量的名称（用来测量什么）
米	m	长度
千克	kg	重量
秒	s	时间
安培	A	电流
开	K	热力学温度
摩尔	mol	物质的量
坎德拉	cd	发光强度（某物发光的强度）

公制的 7 个基本单位

如果你想知道你在学校学到的公制计量单位是怎么回事，如升、吨及摄氏度，不用担心。虽然它们不是正式 SI 单位，但公制认可这些单位。

讨人喜欢的十进制

公制的一大优势是采用了十进制：乘以系数10，各单位可以很容易地被放大或变小。例如，你可以不用米而用 1/1000 米测量蚂蚁——更为恰当。更方便的是，用前缀确定倍数。因此，只说蚂蚁是 9 毫米长就可以了，而不用说蚂蚁是一米的 9/1000 长。

前缀	含义	符号	书写形式
万亿	希腊语的怪物	T	1 000 000 000 000
千兆	希腊语的庞然大物	G	1 000 000 000
百万	希腊语的大	M	1 000 000
千	希腊语的千	k	1 000
百	希腊语的百	h	100
十	拉丁语的十	da	10
1/10	拉丁语 1/10	d	0.1
厘	拉丁语 1/100	c	0.01
毫	拉丁语 1/1000	m	0.001
微	希腊语的小	μ	0.000 001
纳	希腊语的矮	n	0.000 000 001
皮	西班牙语微小	p	0.000 000 000 001

致命错误

美国是唯一没有正式采用公制系统（尽管它被广泛地用于科学和工业）的国家。相反，他们有"惯用单位"。使用两种制式不只是乱，而且是危险的。1983 年，波音 767 被加了 22600 磅的燃料。但实际上应该是 22600 千克——多两倍多。不出所料飞机燃料耗尽；仅靠飞行员的着陆技术挽救了机上人员的生命。即使是科学家也没能幸免：因为一个小组用公制计量单位，而另一小组用的是美国惯用单位，造成美国宇航局火星探测器坠毁。

1 厘米的大小 200 多年来没有改变。

制定标准

1792 年，在法国大革命中，两名法国天文学家测量了敦刻尔克和巴塞罗那之间的距离，然后推算出从北极到赤道的距离。他们称为 1 千万米。将这一距离除以 1 千万，确定了 1 米的长度，成为公制的第一个单位。但普通人如何知道 1 米应该是多长？他们需要指南。因此，在 1799 年，两个铂金标准被制作出来——显示公认的米长度和 1 千克质量的模型。

千克的标准于 19 世纪 80 年代被取代，新的千克标准被保存在巴黎的一个地下室里的玻璃罩下。要检查 1 千克的重量是否有精确的 1 千克质量，你必须与标准进行比较。但在 2019 年，这个标准再次被改变——千克与自然界的常量联系起来。

答 案

测量土地（第17页）
智力测验

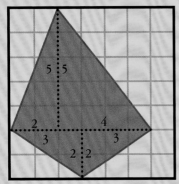

将图形分成直角三角形。通过算出每个矩形的面积（长乘宽），然后将其减半，算出三角形的面积。然后把它们相加，便可得出结果。

$$\frac{5 \times 2}{2} = 5, \quad \frac{5 \times 4}{2} = 10,$$

$$\frac{3 \times 2}{2} = 3, \quad \frac{3 \times 2}{2} = 3,$$

$$5 + 10 + 3 + 3 = \mathbf{21\ cm^2}$$

为什么用人体测量?（32-33页）

这一陈述是正确的。大多数人有两条腿，但腿的平均数低于这一数字。在地球上的数十亿人中，有成千上万的人只有一条腿，或是没有腿。假设地球上的人口是67亿，其中一百万人只有一条腿，以及一百万人没有腿。

腿的总数是：

$$(6698000000 \times 2) + 1000000 = 13397000000$$

人口总数是：

$$6700000000$$

腿的平均（平均值）数是：

$$\frac{13397000000}{6700000000} = 1.9995$$

所以，如果你有两条腿，你比平均数更多！

称重（第39页）

令人费解的重量

1个橙子+1个李子=1个甜瓜　　①

1个橙子=1个李子+1根香蕉　　②

2个甜瓜=3根香蕉　　　　③

多少个李子等于1个橙子?

答案

由①、②得出，

1个甜瓜=2个李子+1根香蕉　　④

④×2得出

2个甜瓜=4个李子+2根香蕉　　⑤

由⑤－③得出

4个李子=1根香蕉

所以

5个李子=1个橙子

头重之谜

1. 拿一个装满水的桶, 放在浅盆中。

2. 低头并将其完全浸入水中。

3. 溢出的水与你的头有相同的积。相同体积的水和头重量相同（它们的密度几乎相等）。因此，如果称一下溢出的水的重量，就会得到一个相当准确的你的头部重量的答案!

作者简介

　　本书的作者约翰尼·鲍尔（Johnny Ball）成功策划、主持了二十多部有关数字和科学的少儿电视节目。其中最著名的就是英国 BBC 电视台的系列少儿节目"*Think of a Number*"《玩转数与形》，这个节目影响了一代少年儿童。很少有人能使数学不仅容易理解，而且真正让人感受到数学的乐趣和令人着迷之处。

　　约翰尼·鲍尔曾当过鼓手和喜剧演员，他主持的儿童电视节目还获得电视艾美奖的提名及其他 10 项大奖。如今身为数学协会一员的约翰尼·鲍尔出版了五本少儿图书和五部舞台剧本，其中包括教育音乐剧"*Tales of Maths and Legends*"《数学传奇》。他的文章和演讲主要是关于数学和科学方面的内容。

致谢

Dorling Kindersley would like to thank Ria Jones for help with picture research.

The publisher would like to thank the following for their kind permission to reproduce their photographs:

(Key: a-above; b-below/bottom; c-centre; f-far; l-left; r-right; t-top)

9 Corbis: Mike Agliolo (cl). Science Photo Library: National Institute of Standards and Technology (NIST) (bl). 10 Corbis: Richard Bryant / Arcaid (c); Jose Fuste Raga (cr). Getty Images: Ron Dahlquist (ca); Don Klumpp (fcr). 11 Corbis: Bettmann (br). Getty Images: Jonny Basker (bl). 12 Corbis: Werner Forman (cr). Getty Images: Garry Gay (cl); Image Source (bc). 13 Mary Evans Picture Library: (tl). Science Photo Library: Sheila Terry (cl). 14 Science Photo Library: Gary Hincks (br/Sun). 15 Science Photo Library: Gary Hincks (br). 16 Science Photo Library: Mark Garlick (br). 17 Science Photo Library: Mark Garlick (br). 19 NASA: Satellite Imaging Corporation (bl). 21 Corbis: Werner Forman (tl). 22 Science Photo Library: (bc). 24 Science Photo Library: Sheila Terry (bl). 25 Getty Images: World Perspectives (tl). 31 Corbis: Yann Arthus-Bertrand (cr). 32 Mary Evans Picture Library: (bl). 34 Getty Images: Image Source (bc). 35 Corbis: Hanan Isachar (bl). Getty Images: Garry Gay (tl). Science & Society Picture Library: Science

Museum (br). 36 Corbis: David Cumming (ca). TopFoto.co.uk: The British Library / HIP (cl). 37 Getty Images: Garry Gay (tl). 38 DK Images: Science Museum, London (bl). 38-39 Corbis: Roger Ressmeyer (tc). Getty Images: Doug Armand (c). 39 Corbis: Bettmann (cl); Jack Hollingsworth (tc). DK Images: Science Museum, London (cr). 40 Corbis: Art on File (c). iStockphoto.com: Joachim Angeltun (crb); edge69 (cr). 41 Corbis: Roger Ressmeyer (cra). 42 Corbis: Hoberman Collection (crb) (br). 43 DK Images: Natural History Museum, London (tc). Science Photo Library: (bl). 44 Corbis: (clb); Mike Agliolo (cl). 45 Corbis: Bettmann (tl). 46 Science Photo Library: Sheila Terry (br). 47 Science Photo Library: Maria Platt-Evans (tl) (bl). 50 DK Images: National Maritime Museum (br) (cra/Kepler). Science Photo Library: Maria Platt-Evans (cra/Galileo) (cra/Newton); Sheila Terry (bl). 51 Corbis: Tim Kiusalaas (cl). 52 Alamy Images: North Wind Picture Archives (cla). Corbis: Paul Almasy (br). 53 Corbis: Mike Agliolo (br); Michael Nicholson (tr). 54 Corbis: (bl). 54-55 Corbis: (c/Background). 55 Corbis: Bettmann (cb). DK Images: National Maritime Museum (ca) (bc) (c). National Maritime Museum, Greenwich, London: (tc). 56 Science Photo Library: (cl) (br); Royal Astronomical Society (fbr). 57 Corbis: Hulton-Deutsch Collection (br);

Roger Ressmeyer (t). DK Images: NASA (tc). 58 Alamy Images: Classic Image (cb/Columbus). The Bridgeman Art Library: Royal Geographical Society, London, UK (tl) (cb/Boat). Corbis: Bettmann (cla) (bl). iStockphoto.com: Julien Grondin (Background). 59 Alamy Images: Classic Image (tl). 60 Getty Images: Ted Kinsman (tl). Science Photo Library: (tr). 61 Corbis: Randy Faris (bl); Martin Gallagher (tl). 62 Getty Images: Ted Kinsman (br). iStockphoto.com: Ted Grajeda (bl). 63 Corbis: Hulton-Deutsch Collection (cr). iStockphoto.com: Ted Grajeda (tr). NASA: NASA, ESA and The Hubble Heritage Team (STScI/AURA) / J. Biretta (br). Science Photo Library: National Institute of Standards and Technology (NIST) (bc) (cr/Portrait). 64 Corbis: Bettmann (cl). Getty Images: Dougal Waters (cr/Hands). 65 Alamy Images: Elmtree Images (bc/Train). DK Images: NASA / Finley Holiday Films (br/Space Shuttle); Toro Wheelhorse UK Ltd (bl/Lawnmower). Getty Images: AFP (fbr/Earthquake); Andy Ryan (fbl/Runner). 67 Alamy Images: Realimage (crb). Corbis: Chris Collins (hair dryer); Martin Gallagher (br); Image Source (kettle); LWA-Stephen Welstead (fluorescent light bulb); Lawrence Manning (fridge) (microwave); Radius Images (laptop); Jim Reed (tr); Tetra Images (incandescent light bulb) (c). 68 Corbis: (crb); Lawrence Manning (crb/thermometer). NASA: (bc). 68-69 Science Photo

Library: Sheila Terry (cb). 69 NASA: (bc). Wikimedia Commons: (crb). 70 Science Photo Library: Chris Butler (b). 70-71 Science Photo Library: Pekka Parviainen (t). 71 Science Photo Library: Eckhard Slawik (b). 72 Science Photo Library: (br). 74 Corbis: Bettmann (b). 75 DK Images: The British Museum (cr). Science Photo Library: Hank Morgan (cra). 76 Corbis: David Arky (bl/violin). Getty Images: (bl); Arctic-Images (tl). 77 Corbis: Randy Faris (cla). 78 Alamy Images: nagelestock.com (bl). Science Photo Library: Gregory Dimijian (cl). Chris Woodford (clb). 79 Getty Images: (br). Science Photo Library: Lande Collection / American Institute Of Physics (tl); NOAO / AURA / NSF (bl). 80 Getty Images: Mads Nissen (bl). Science Photo Library: David A. Hardy (cra). 81 Corbis: Frans Lanting (tl). Getty Images: Paul & Lindamarie Ambrose (cr); Dr. Robert Muntefering (c). 82 Alamy Images: Arco Images GmbH (bc). Corbis: NASA/JPL-Caltech (crb); William Radcliffe/Science Faction (bl) (clb) (fcrb). Getty Images: AFP (fcla); Paul Joynson Hicks (cla); Travel Ink (fclb). 83 Corbis: Tony Hallas/Science Faction (bl); Myron Jay Dorf (tl). Getty Images: Jack Zehrt (bc). Science Photo Library: David Parker (br). 84 Corbis: Sarah Rice/Star Ledger (clb), See Li/Demotix (cl); Popperfoto (bl). Ben

Morgan: (clb/chess set). Science Photo Library: Alexis Rosenfeld (cl); Andrew Syred (crb). Wikimedia Commons: (b 84-85 Getty Images: 3D4Medical.com (ca). 85 Corbis: Matthias Kulka/zefa (fbl/virus). Getty Images: Image Source (cl) Gabrielle Revere (bl). Image originally created IBM Corporation: (clb). Science Photo Library: Coneyl Jay (cla). 86 Getty Images: artpartner-images (cla); Erik Dreyer (br); Chad Ehlers (cl); FPG (cr 88 Alamy Images: imagebroker; The Print Collector (cl). Corbis: Tet Images (br). DK Images: Anglo-Australian Observatory (tc). Getty Images: De Agostini (cr). 89 Alamy Images: Classic Image (tl); The Print Collector (crb). Science Photo Library: Sheila Terr (bl). 90 Getty Images: David Muir (br). Science Photo Library: Andrew Lambert Photography (b 90-91 iStockphoto.com: Björn Magnusson (t). 91 Alamy Images: Mint Photography (cr). Getty Images: AFP (br). 93 Science Photo Library: (b

All other images © Dorling Kindersley For further information s www.dkimages.com

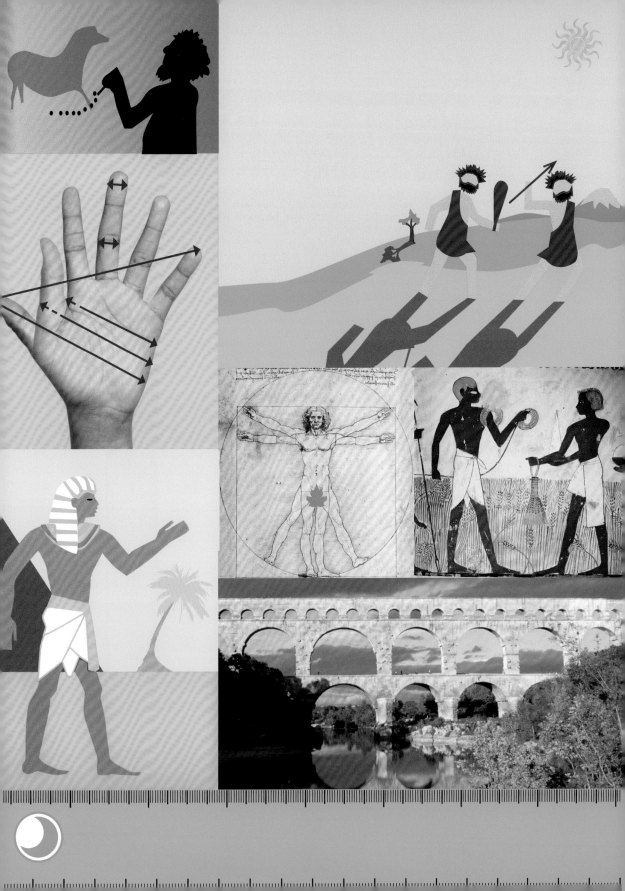

DK | Penguin
Random
House

Original Title: All About Maths
Foreword copyright © Johnny Ball, 2009, 2016, 2020
Copyright © Dorling Kindersley Limited, 2009, 2016, 2020
A Penguin Random House Company
本书中文版由 Dorling Kindersley Limited
授权科学普及出版社出版，未经出版许可不得以
任何方式抄袭、复制或节录任何部分。

图书在版编目（CIP）数据

有趣的数学：数学魔术师 / 英国DK出版社著；林云
裳译. — 北京：科学普及出版社，2021.6 （2023.8重印）
（有趣的学习）
书名原文：All About Maths
ISBN 978-7-110-10220-6

Ⅰ. ①有… Ⅱ. ①英… ②林… Ⅲ. ①数学—青少年
读物 Ⅳ. ①O1-49

中国版本图书馆CIP数据核字（2020）第267995号

策划编辑　邓　文
责任编辑　郭　佳
营销编辑　齐　宇
封面设计　朱　颖
图书装帧　金彩恒通
责任校对　张晓莉
责任印制　徐　飞

科学普及出版社出版
北京市海淀区中关村南大街16号　邮政编码：100081
电话：010-62173865　传真：010-62173081
http://www.cspbooks.com.cn
中国科学技术出版社有限公司发行部发行
北京华联印刷有限公司承印
开本：787毫米×1092毫米　1/16　印张：5.75　字数：150千字
2021年6月第1版　2023年8月第3次印刷
ISBN　978-7-110-10220-6/O・197
印数：20001—25000册　定价：29.80元

FSC
www.fsc.org
混合产品
纸张 |
支持负责任林业
FSC® C018179

www.dk.com